Exercise book for Astronomy-Space Test

天文宇宙検定

公式問題集
—— 銀河博士 ——

天文宇宙検定委員会 編

2級
2024〜2025年

恒星社厚生閣

天文宇宙検定 とは

　科学は本来楽しいものです。楽しさは、意外性、物語性、関係性、歴史性、予言力、洞察力、発展性などが、具体的なものを通じて語られる必要があります。そして何よりも、それを伝える人が楽しまなければなりません。人と人が接し合って伝え合うことの大切さを見直してみる必要があるでしょう。

　宇宙とか天文は、科学をけん引していく重要な分野です。天文宇宙検定は、単に知識の有無を検定するのではなく、「楽しく」、「広がりを持つ」、「考えることを通じて何らかの行動を起こすきっかけをつくる」検定でありたいと願っています。

　個人の楽しみだけに閉じず、多くの市民に広がり、生きた科学に生身で接する検定を目指しておりますので、みなさまのご支援をよろしくお願いいたします。

総合研究大学院大学名誉教授

池内　了

天文宇宙検定2級問題集について

　本書は第1回（2011年実施）〜第16回（2023年実施）の天文宇宙検定2級試験に出題された過去問題と、予想問題を掲載しています。
・本書の章立ては公式テキストに準じた構成になっています。
・2ページ（見開き）ごとに問題、正解・解説を掲載しました。
・過去問題の正答率は、解説の右下にあります。

　天文宇宙検定2級は、公式テキストと公式問題集をしっかり勉強していただければ、天文宇宙検定にチャレンジできるとともに、天文宇宙の世界を愉しんでいただくことができます。

天文宇宙検定　受験要項

受験資格　天文学を愛する方すべて。2級からの受験も可能です。年齢など制限はございません。
※ただし、1級は2級合格者のみが受験可能です。

出題レベル　**1級 天文宇宙博士（上級）**
理工系大学で学ぶ程度の天文学知識を基本とし、天文関連時事問題や天文関連の教養力を試したい方を対象。

2級 銀河博士（中級）
高校生が学ぶ程度の天文学知識を基本とし、天文学の歴史や時事問題等を学びたい方を対象。

3級 星空博士（初級）
中学生が学ぶ程度の天文学知識を基本とし、星座や暦などの教養を身につけたい方を対象。

4級 星博士ジュニア（入門）
小学生が学ぶ程度の天文学知識を基本とし、天体観察や宇宙についての基礎的知識を得たい方を対象。

問題数　1級／40問　2級／60問　3級／60問　4級／40問

問題形式　マークシート4者択一方式　　試験時間　　50分

合格基準　1級・2級／100点満点中70点以上で合格
3級・4級／100点満点中60点以上で合格
※ただし、1級試験で60〜69点の方は準1級と認定します。

試験の詳細につきましては、下記ホームページにてご案内しております。

https://www.astro-test.org/

Exercise book for Astronomy-Space Test

天文宇宙検定
CONTENTS

1章

EXERCISE BOOK FOR ASTRONOMY-SPACE TEST

宇宙七不思議

Q1 星までの距離や銀河の大きさを示す星間スケールで使用する1光年は、およそ何mか。

① 10^{10} m

② 10^{14} m

③ 10^{16} m

④ 10^{22} m

Q2 100 ℃は何ケルビン（K）か。

① -173.15 K

② 173.15 K

③ 273.15 K

④ 373.15 K

Q3 プランク長さはどれぐらいか。

① 10^{-44} m

② 10^{-35} m

③ 1 m

④ 138億光年

Q4 1 nmは何mにあたるか。

① 10^{-10} m

② 10^{-9} m

③ 10^{-6} m

④ 10^{-3} m

Q5 宇宙の階層構造において、サイズの大きい順に並んでいるものはどれか。

① 銀河団＞星団＞銀河＞大規模構造

② 銀河団＞大規模構造＞星団＞銀河

③ 大規模構造＞銀河団＞銀河＞星団

④ 星団＞銀河団＞大規模構造＞銀河

Q6 ビッグバンとは何か。

① 大質量の恒星が、その一生を終えるときに起こす大規模な爆発現象

② 超高温で超高圧、超高密度の初期宇宙の状態

③ 恒星が主系列星を終えた後に、大膨張する進化の過程

④ 恒星の表面に一時的に強い爆発が起こり、数百倍から数百万倍に増光する現象

③ 10^{16} m

①の10^{10} mは天文単位（au）スケールに相当する（1 au＝太陽から地球までの平均距離
＝15×10^{10} m）。

②の10^{14} mは太陽系外縁サイズ（エッジワース・カイパーベルトの領域）に相当する。

③の10^{16} mは1光年のスケールに相当する（1光年＝9.46×10^{15} m）。

④の10^{22} mは100万光年のスケールとなり、銀河団サイズに相当する。

第15回正答率61.0%

 ④ 373.15 K

ケルビン（K）で測る絶対温度と我々が日常で用いる摂氏温度（℃）は、0点は異なるが
温度スケールは同じである。したがって、摂氏温度（℃）と絶対温度（K）の差は常に等
しい。また、0 K＝－273.15℃の関係があるので、絶対温度をT [K]、摂氏温度をt （℃）
とすると、$T-t$ ＝273.15の関係が成り立つ。この関係式にt＝100℃を代入して④のT
＝373.15 Kを得る。

第15回正答率69.2%

 ② 10^{-35} m

地球の大きさ（周囲が約4万km）に基づいて、人間が自分たちに都合がよいように勝手に
決めた長さ（メートル法）の単位は、③の1 m。同様に、地球の自転に基づいて、人為的
に決めた時間の単位が、1秒。しかし、われわれの宇宙の時空構造には、本来的で基本的
な時空単位が備わっており、プランク時間（約10^{-44} 秒）とプランク長さ（約10^{-35} m）
と呼ばれる。プランク長さをプランク時間で割った量は、厳密に光速に等しくなる。言い
換えれば、光子は、1プランク時間で1プランク長さだけ進む。 第13回正答率51.7%

②　10^{-9} m

nm（ナノメートル）は国際単位系の長さで、1 nm＝10^{-9} m、10億分の1 mである。

③　大規模構造＞銀河団＞銀河＞星団

サイズは、大きい方から順に、宇宙の大規模構造、銀河団、銀河、星団で、大きさはそれ
ぞれ1億光年、100万光年、10万光年、10光年程度である。　　第13回正答率95.7%

②　超高温で超高圧、超高密度の初期宇宙の状態

宇宙は非常に高温高密度の状態から始まり、それが大きく膨張することによって低温低密
度になっていったとする膨張宇宙論のことをビッグバン理論という。なお、①は超新星、
③は赤色巨星、④は新星のことである。宇宙全体が膨張していることが発見されたことか
ら、逆に宇宙の歴史をさかのぼると現在の宇宙に存在するあらゆる物質が1点にまで凝縮
されて、超高温で超高圧の状態であったと考えられる。これをビッグバンと呼んでいる。

Q7

ビックバンという用語の命名者は誰か。

① フレッド・ホイル

② ジョージ・ガモフ

③ アラン・グース

④ エドウィン・パウエル・ハッブル

Q8

宇宙は宇宙背景放射と呼ばれる電磁波で満たされており、それはある温度を保っている。現在の宇宙背景放射の温度はおよそどのくらいか。

① 100億 K

② 6000 K

③ 3 K

④ 0 K

Q9

現在考えられている宇宙の年齢はおよそいくらか。

① 138万年

② 1億3800万年

③ 138億年

④ 1兆3800億年

Q10 太陽系の形成と地球の誕生は、宇宙が生まれておよそ何年後に起こった出来事か。

① 約80億年後
② 約90億年後
③ 約100億年後
④ 約110億年後

Q11 宇宙の歴史において、次の出来事は宇宙誕生からおよそ何年後のことか。正しい組み合わせを選べ。

A：宇宙の晴れ上がり
B：クェーサーの形成
C：太陽系における生命の発生

① A：38万年　　　B：1億年　　　　C：50億年
② A：38万年　　　B：10億年　　　　C：50億年
③ A：38万年　　　B：10億年　　　　C：100億年
④ A：3800万年　B：10億年　　　　C：100億年

Q12 宇宙の未来に起こると考えられていることで、間違っているのはどれか。

① 50億年後に太陽が超新星爆発を起こす
② 100兆年後に全ての恒星が輝かなくなる
③ 10^{31}年後にあらゆる元素の骨格である陽子が崩壊する
④ 10^{100}年後にブラックホールですら蒸発し消滅する

① フレッド・ホイル

膨張宇宙論が提唱された当時、対立する宇宙論として定常宇宙論を提唱していたホイルが、これを揶揄して「ビックバン（大爆発）」と呼んだのを、膨張宇宙論の提唱者ガモフ自身が気に入って使い始めた。グースは佐藤勝彦と独立して同時に「インフレーション（命名はグースの方）」を提唱した。ハッブルはハッブル・ルメートルの法則を、観測結果を用いて最初に示した一人。

第15回正答率41.7%

 ③ 3 K

宇宙背景放射のスペクトルは黒体放射の形をしていて、その温度が 3 K に近いことが、1965年にアメリカのアーノ・ペンジアスとロバート・ウィルソンにより発見された。彼らはその発見でノーベル物理学賞を受賞した。最近のより正確な測定では2.7 K である。

第2回正答率62.8%

 ③ 138 億年

ビッグバンから今日までの時間を宇宙の年齢としている。宇宙年齢は、宇宙背景放射の観測と宇宙膨張の測定から得られ、最近の観測（欧州宇宙機関が打ち上げた人工衛星「プランク」の観測）によると137.99±0.21億年（約138億年）であるとされる。

第6回正答率97.4%

② 約90億年後

太陽と地球の誕生（約46億年前）は、宇宙が誕生した約138億年前から数えると、だいたい90億年頃の出来事になる。また約100億年頃の出来事には地球における生命の発生が、約110億年頃の出来事には、最初の光合成生物シアノバクテリアの発生がある。

③ A：38万年　　　B：10億年　　　C：100億年

宇宙の晴れ上がりとは、陽子と電子が結合して水素原子ができ、光子が電子に妨げられず長距離を進むことができるようになった現象で、宇宙誕生から38万年後の出来事である。クェーサーは非常に遠方にある活動銀河核の一種で、宇宙誕生後遅くとも10億年後からでき始めた。太陽系の誕生は今からおよそ46億年前、宇宙誕生からはおよそ90億年後に形成された。太陽系における生命の発生はさらにその10億年後、すなわち宇宙誕生からはおよそ100億年後の出来事である。

① 50億年後に太陽が超新星爆発を起こす

太陽は50億年後に赤色巨星に進化するが、超新星爆発は起こさず、惑星状星雲をつくり、中心部は白色矮星となって一生を終える。したがって、①の記述が間違いで正答となる。そのほかは実際に考えられていることで、物質が消滅し、ブラックホールですら消えてなくなる。常識では考えにくいことだが、科学者はそんな未来も予見している。

Q13 重水素の元素記号はどれか。

① A
② B
③ C
④ D

Q14 宇宙の内容物を分類したとき、最も割合の多いものを次から選べ。

① バリオン物質
② ダークマター
③ ダークエネルギー
④ 暗黒星雲

Q15 ブラックホールについての説明のうち、正しいものはどれか。

① ブラックホールにある無限に圧縮される中心部分を臨界点と呼ぶ
② ブラックホールの本体はイベント・ホライズン・テレスコープ（EHT）を用いて観測された
③ ブラックホールは質量以外に電荷と角運動量の組み合わせから4種類のタイプに分類される
④ ブラックホールは太陽質量の8倍から20倍までの恒星から形成される

Q16 太陽の質量をもつブラックホールのシュバルツシルト半径はいくらか。万有引力定数を7×10^{-11} m^3/kg/s^2、太陽の質量を2×10^{30} kg、光速を3×10^8 m/sとして求めよ。

① 約3×10^3 m（3 km）

② 約9×10^3 m（9 km）

③ 約9×10^{10} m（9000万km、0.6 au）

④ 約5×10^{13} m（500億km、300 au）

Q17 現在見つかっているブラックホールの質量分布を模式的に表すとどのようになるか。

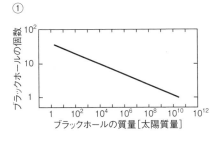

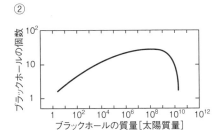

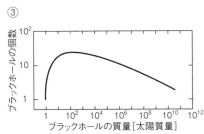

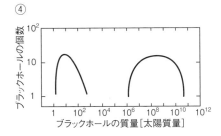

1
章

宇宙七不思議

17

④ D

原子核が陽子のみからなる通常の水素の元素記号は H（Hydrogen）、原子核が陽子と中性子からなる重水素は D（Deuterium）、2個の中性子をもつ三重水素は T（Tritium）となる。原子量を左肩につけて、重水素を ^{2}H、三重水素を ^{3}H で表すこともある。B はホウ素、C は炭素だが、A で表す元素はない。M（金属を示すのに使われる）、X（ハロゲンを表す）、Z（金属量を表す）なども元素記号に使われていないが、なぜ A が使われていないのかはよくわからない。

第16回正答率44.9%

 ③ ダークエネルギー

宇宙の内容物は、ダークエネルギーが約68%、ダークマターが約27%、通常物質が約5%からなっている。バリオン物質とは、原子や分子などからなる通常物質のことであり、暗黒星雲もバリオン物質である。

第16回正答率86.6%

 ③ ブラックホールは質量以外に電荷と角運動量の組み合わせから4種類のタイプに分類される

① 臨界点ではなく、特異点である。

② EHT で観測されたものは、ブラックホールにより曲げられた光の影（ブラックホールシャドウ）であり、ブラックホールの本体ではない。

③ 正しい。

④ ブラックホールは、太陽質量の40倍以上の恒星で形成される。

第16回正答率71.1%

A 16 ① 約 3×10^3 m（3 km）

シュバルツシルト半径 R は、$R = 2GM/c^2$（G は万有引力定数、M は質量、c は光速）という式で表される。$G = 7 \times 10^{-11}$ m³/kg/s² 、$M = 2 \times 10^{30}$ kg（太陽の質量）、$c = 3 \times 10^8$ m/s であるから、$R \fallingdotseq 3 \times 10^3$ m となる。ただし、太陽は将来ブラックホールにならずに赤色巨星になった後、白色矮星になることがわかっている。

②（9 km）は、見つかっているブラックホールで最も軽い IGR J17091-3624（太陽質量の3倍）のシュバルツシルト半径である。同様に③（9000万km）は天の川銀河の中心の超大質量ブラックホール（太陽質量の約400万倍）、④（500億km）は最も重いブラックホール OJ 287（太陽質量の180億倍）のシュバルツシルト半径である。

第14回正答率68.5%

A 17 ④

ブラックホールには、太陽質量の10倍程度の恒星質量ブラックホールと、太陽質量の数百万倍から数十億倍の超大質量ブラックホールがあることが観測的にわかっている。その間の質量範囲にはブラックホールの存在が明らかではなく、ブラックホール砂漠と呼ばれている。

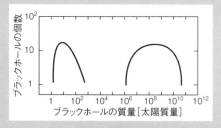

第10回正答率45.3%

Q 18

図中のAに当てはまる、電荷をもつ球対称のブラックホールは何と呼ばれているか。

① ホーキング
② ペンローズ
③ ライスナー＝ノルドシュトルム
④ カー＝ライスナー

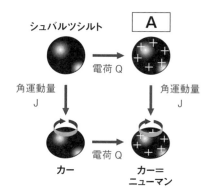

シュバルツシルト
電荷 Q
角運動量 J
角運動量 J
カー
電荷 Q
カー＝ニューマン

Q 19

それぞれの天体の中心のブラックホールの質量が大きい順に並べたものはどれか。

いて座 A*

©NASA/CXC/UCLA/NRAO/VLA

SS 433
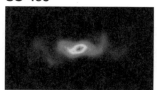
©NRAO/VLA

M 87

©EHT Collaboration

① M 87 ＞いて座A* ＞SS 433
② M 87 ＞SS 433 ＞いて座A*
③ いて座A* ＞M 87 ＞SS 433
④ いて座A* ＞SS 433 ＞M 87

Q20 オズマ計画について述べた文のうち、正しいものはどれか。

① 1960年代に史上初めて行われた地球外知的生命探査である
② 直径26mの電波望遠鏡で地球外知的生命へのメッセージを発信した
③ 電波望遠鏡が向けられたのは球状星団M13だった
④ カール・セーガンが探査計画を立案した

Q21 電波を用いて地球と交信できるような宇宙文明の数をドレイクの式に当てはめると、1980年代では1個程度だったが、現在では最低でも20個ぐらいと見積もられる。数字が増加した要因は何か。

① 計算式に変数を追加したから
② 系外惑星がどんどん見つかっているから
③ 宇宙の大規模構造がわかってきたから
④ ブラックホールが観測できたから

Q22 マルチバースの考え方において、インフレーション宇宙のレベルはいくつか。

① レベルⅠ
② レベルⅡ
③ レベルⅢ
④ レベルⅣ

A 18

③ ライスナー＝ノルドシュトルム

電荷をもつ球対称のブラックホールの解は、ハンス・ライスナーとグンナー・ノルドシュトルムがそれぞれ独立に発見したため、ライスナー＝ノルドシュトルム解と呼ばれる。なお、カー＝ライスナーという呼び方はない。2018年に亡くなったスティーブン・ホーキングはブラックホールの蒸発で有名。2020年にノーベル物理学賞を受賞したロジャー・ペンローズはブラックホールの存在定理を証明した。

第13回正答率81.1%

A 19

① M 87 ＞いて座 A*＞ SS 433

M 87中心のブラックホールの質量は太陽の約65億倍、いて座A*のブラックホールの質量は太陽の約400万倍、SS433のブラックホールの質量は太陽の約10倍である。

第13回正答率30.0%

① 1960年代に史上初めて行われた地球外知的生命探査である

オズマ計画は1960年に史上初めて実行された地球外知的生命探査計画で、ドレイクの式でも有名なフランク・ドレイクが計画した。直径 26 mの電波望遠鏡が向けられたのはエリダヌス座とくじら座の2つの恒星だが、こちらから電波を送信したのではなく、地球外知的生命からの通信を受信しようとした。なお、M 13は後に行われたアレシボメッセージのターゲット（こちらはメッセージの送信）である。

 ② 系外惑星がどんどん見つかっているから

ドレイクの式は、天の川銀河においての我々と交信可能な地球外文明の数を推定する式である。

$$N = R_* \times f_p \times n_e \times f_l \times f_i \times f_c \times L$$

で1980年代も今も変数の数に変化はない。太陽以外の星の周りに惑星が発生する数（f_p）が1980年代では、0.1とか0.05だったが、現在5000を超える系外惑星が発見され、変数値として0.1から1となったのが大きな要因である。　第13回正答率88.1%

 ② レベルⅡ

宇宙（universe）は1つとは限らず、無数の宇宙の可能性が議論されていて、多宇宙・マルチバース（multiverse）と呼ぶ。多宇宙には4つのタイプがある。インフレーション膨張が枝分かれしてできる子宇宙・孫宇宙はレベルⅡとなる。レベルⅠは無限個の地球を含むかもしれない無限の宇宙で、レベルⅢは量子力学の多世界解釈にもとづく多世界、そしてレベルⅣは数学的構造なども異なる異質な宇宙になる。　第14回正答率31.2%

2章

EXERCISE BOOK FOR ASTRONOMY-SPACE TEST

太陽は燃える火の玉か？

Q 1 太陽の構造を表す名称を、太陽の中心から外側へ順に正しく並べたものはどれか。

① 中心核→彩層→対流層→放射層

② 中心核→対流層→彩層→放射層

③ 中心核→放射層→対流層→彩層

④ 中心核→対流層→放射層→彩層

Q 2 太陽に見られる構造において、黒点、コロナ、粒状斑、プロミネンスの典型的なサイズを小さい順に並べた。正しいものはどれか。

① コロナ＜プロミネンス＜黒点＜粒状斑

② 粒状斑＜プロミネンス＜黒点＜コロナ

③ 粒状斑＜黒点＜プロミネンス＜コロナ

④ 黒点＜粒状斑＜コロナ＜プロミネンス

Q 3 太陽を可視光で観測したときに、観測できる太陽表面を光球と呼ぶが、その温度はおよそいくらか。

① 4000 K　　② 6000 K

③ 100万 K　　④ 1400万 K

Q 4 次の太陽の構造のうち、太陽中心に一番近いものはどれか。

① コロナ

② 黒点

③ ダークフィラメント

④ プラージュ

Q5

次の文章の【ア】、【イ】に当てはまる語句の組み合わせとして正しいものはどれか。

「太陽の光球を拡大してみると、まるで小さな細胞のような模様がみられる。この模様は【ア】と呼ばれ、【イ】を表している。」

① ア：白斑　　　イ：太陽表面を貫く磁力線の束
② ア：白斑　　　イ：太陽表面で沸き立つ対流渦
③ ア：粒状斑　　イ：太陽表面を貫く磁力線の束
④ ア：粒状斑　　イ：太陽表面で沸き立つ対流渦

Q6

太陽表面に現れる黒点数は、平均して何年周期で増減するか。

① 11年　　　② 13年
③ 110年　　④ 130年

Q7

太陽黒点について正しく述べたものはどれか。

① 大きいものは地球の数倍の大きさがある
② 半暗部は比較的小さな黒点の周囲にしか見られない
③ 黒点は単独で現れるものがほとんどである
④ 黒点は周囲より磁場が弱い領域である

Q8

Hα線（波長656.3 nm）で太陽を観測するとどのように見えるか。

① プラージュが確認できる
② 粒状斑が細かく見える
③ コロナのようすがわかる
④ 細かな黒点までがよく見える

③ 中心核→放射層→対流層→彩層

太陽の中心核で起こっている核融合反応によって発生したエネルギーは、放射層、対流層を伝わって、表面（光球）に達する。彩層は、厚さ約2000 km～1万kmの太陽光球上空のガス層。

第15回正答率77.2%

③ 粒状斑＜黒点＜プロミネンス＜コロナ

粒状斑のさしわたしは1000 km 程度しかなく、これが最も小さい。続いて黒点の直径数千km～数万km。プロミネンスは太陽の半径ほどの高さになることもある。コロナは太陽全球を取り巻く現象であり、これが最も大きい。よって③が正答となる。

第11回正答率71.4%

② 6000 K

①4000 Kは太陽の黒点の温度、③100万Kは太陽のコロナの温度、④1400万Kは太陽の中心の温度である。ちなみに地球の核もおよそ6000 Kで、太陽の光球の温度とほぼ同じである。

② 黒点

黒点は太陽の光球にあり、プラージュは太陽の彩層に存在する。ダークフィラメントは太陽表面上に重なった位置のプロミネンスが影となって見えるものであるが、その立体構造はプロミネンスそのものである。したがって中心から近い順に並べると黒点、プラージュ、ダークフィラメント、コロナの順となり、②が正答となる。

第13回正答率73.4%

④ ア：粒状斑　　イ：太陽表面で沸き立つ対流渦

粒状斑は対流渦が太陽表面に現れることで形成されるため、④が正答となる。粒状斑で、細胞の内部にあたる白く見える部分は高温のガスが内部から昇ってくる部分で、細胞の境界にあたる暗い部分は低温のガスが内部に沈んでいく部分である。太陽表面を貫く磁力線の束と密接に関係しているのは黒点である。　　　　　　　　第13回正答率83.4%

① 11年

黒点は、太陽表面へ磁力線が現れた場所である。そのため、黒点数が多いときは、太陽の磁場活動も盛んである。この太陽の活動周期は11年とされる。ただし、黒点の極性反転を考慮すると、活動周期は22年になる。　　　　　　　　第6回正答率91.6%

① 大きいものは地球の数倍の大きさがある

黒点の大きさは、直径数千kmから大きいものでは数万kmに達し、地球の数倍の大きさに達するものがある。したがって①が正答となる。
半暗部は比較的大きな黒点に現れる。また、ほとんどの黒点は単独よりも群で現れる。黒点は強い磁場の影響で太陽内部からの熱の輸送が妨げられて温度が下がっている領域である。そのため周囲より強い磁場が観測される。　　　　　　　　第14回正答率87.8%

① プラージュが確認できる

Hα線は水素原子によって生じる波長656.3 nm（赤色光）の線スペクトルで、太陽表面では光球が明るいため、大きな黒点以外では見えにくい。しかし、大きな黒点のある場所では強い磁場が上空に達しており、その周辺の活動領域の彩層は周囲より高温で明るくなっている。この明るい領域をプラージュといい、よく確認できる。　第15回正答率41.5%

Q 9　写真の太陽表面に見られる、矢印が指す黒い筋のようなものは何か。

① 黒点
② プラージュ
③ スピキュール
④ ダークフィラメント

©NAOJ

Q 10　太陽に磁場が存在することに直接関連する現象として適当でないものはどれか。

① 大規模フレアによって人工衛星が故障したりする可能性がある
② 黒点領域は周囲の光球に比べ温度が低いため暗く見える
③ 太陽表面には粒状斑と呼ばれる模様があり、数分で消滅・生成を繰り返す
④ 黒点付近のスペクトルの吸収線が分離して観測される

Q 11　黒点の周囲に見られる太陽の彩層の明るい領域を何というか。

① コロナホール　　　② スピキュール
③ 白斑　　　　　　　④ プラージュ

Q 12　活動型のプロミネンスは、どれくらいの時間で変化が見られるか。典型的な時間を選べ。

① 0.1秒から数秒間　　② 数十分から数時間
③ 数日から1週間　　　④ 数週間から数カ月

Q13 次の太陽画像は、どの波長で撮像されたものか。

① 電波
② 可視光
③ X線
④ ガンマ線

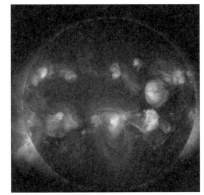

©NAOJ/JAXA

Q14 太陽の自転について、間違っているものはどれか。

① 地球の自転方向と同じ方向に自転している
② 自転周期は、日ごとの黒点の位置の観測によって求めることができる
③ 1周する距離が短いため、赤道付近よりも極付近の方が自転周期は短い
④ 太陽の赤道付近の自転周期はおよそ25日である

Q15 皆既日食の観測の際に発見され、当時太陽にしかないと考えられていた元素はどれか。

① ヘリウム　　② アルゴン
③ ネオン　　　④ キセノン

Q16 コロナの語源はどういう意味か。

① 冠　　② 後光
③ 丸い　④ 白い

④ ダークフィラメント

太陽の彩層の上空に浮かぶガスの雲をプロミネンスという。プロミネンスが太陽の縁に見られるときは、明るい炎が吹き上がっているように見えるが、太陽の面上にあるときは、背景の太陽光を冷たいガスが吸収するために黒い筋のように見える。これをダークフィラメントという。

第14回正答率81.3%

 ③ 太陽表面には粒状斑と呼ばれる模様があり、数分で消滅・生成を繰り返す

① 大規模フレアは太陽表面の磁力線のつなぎ変えで起きるので正しい。
② 黒点では磁力線により熱輸送が妨げられるので温度が低く暗くなるので正しい。
③ 粒状斑は太陽内部の対流運動によって発生するため、磁場が直接の原因ではない。
④ 黒点には強い磁場が存在するが、強い磁場が存在すると、そこからのスペクトルの吸収線は2本に分離することが知られているので正しい。

 ④ プラージュ

プラージュは太陽の彩層の明るい領域のことで、羊斑ともいう。通常、黒点の周囲に見られる。コロナホールはコロナが平均よりも暗く冷たく、密度が低い領域である。スピキュールは彩層に見られるジェット現象、白斑は光球面に見られる白い模様である。

第16回正答率72.7%

 ② 数十分から数時間

数日間たっても変化が見られないものは、静穏型のプロミネンスと呼ばれる。活動型のプロミネンスは運動状態にあるプロミネンスで、数十分おきに観測することで、その運動の様子を詳しく調べることができる。

③ X線

この画像はX線で撮像された太陽の画像で、可視光では明るい光球面は暗くなっているが、太陽上空に広がる高温のコロナガスがX線で強く光っている。なお、極紫外線でも似たような画像が撮像されるが、解像度などが異なっている。 第15回正答率80.3%

 ③ 1周する距離が短いため、赤道付近よりも極付近の方が自転周期は短い

①、②、④は正しい記述。太陽の自転は、赤道付近の方が極付近より自転周期が短い差動回転になっているので、③が間違った記述となり、正答となる。 第6回正答率58.4%

 ① ヘリウム

1868年の皆既日食の観測で、彩層にヘリウムによる輝線が発見された。当時は、ヘリウムが太陽にしかないと考えられていたために、ギリシャ神話の太陽神ヘリオスにちなんで「ヘリウム」と命名された。 第15回正答率86.2%

 ① 冠

コロナの語源は冠で、白色光コロナが真上からみた王冠にみえることから、ラテン語で王冠を意味するコロナと名付けられた。かんむり座はコロナ・ボレアリス、みなみのかんむり座はコロナ・オーストラリスである。ちなみに、太陽のまわりに見えることがある環状の構造をハローと呼ぶが、これはお釈迦様の背後に射している後光の意味。 第14回正答率84.5%

Q 17 太陽コロナのうちKコロナについて正しく述べたものはどれか。

① そのまま黄道光につながっている

② 吸収線が見られる

③ コロナ中の電子は5000 km/sもの高速で運動している

④ 輝線で光っている

Q 18 太陽フレアの発生頻度とエネルギーの間には図のような相関がみられる。
このような法則を何と呼ぶか。

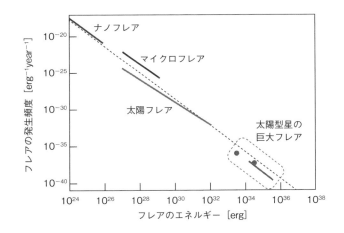

① ガウス分布　　　② 指数則

③ べき乗則　　　　④ ホワイトノイズ

Q 19 太陽圏について正しく述べたものはどれか。

① 太陽の重力が及ぶ範囲　　　② 太陽が肉眼で見える範囲

③ 太陽の彩層が広がっている範囲　　④ 太陽磁場の影響や太陽風が及ぶ範囲

Q20 太陽のコロナ質量放出によって放出された粒子が地球へ到来すると「フォーブッシュ減少」が起こることがある。これはどんな現象か。

① 地球に降り注ぐ宇宙線の量が急激に減少する
② 地球に降り注ぐ紫外線の量が急激に減少する
③ 地球大気のオゾン質量が急激に減少する
④ 地球を取り巻く磁力線の量が急激に減少する

Q21 太陽のコロナが加熱される原因として考えられるものはどれか。

① 太陽本体から熱エネルギーが伝わっている
② 太陽表面から熱以外のエネルギーが伝わり、コロナ領域で熱エネルギーに変換されている
③ コロナ内部で星間ガスが燃焼している
④ 太陽周辺のダークエネルギーを熱エネルギーに変換している

Q22 次の文章中の【 ア 】、【 イ 】に当てはまる語の組み合わせとして正しいものはどれか。
「太陽のエネルギーは、そのほとんどが【 ア 】と呼ばれる核融合反応で生成されている。中心部で生成されたエネルギーは、太陽の放射層をおよそ【 イ 】かけて通過し、対流層に達する。」

① ア：CNOサイクル　　イ：100年
② ア：CNOサイクル　　イ：1000万年
③ ア：p-pチェイン　　イ：100年
④ ア：p-pチェイン　　イ：1000万年

③ コロナ中の電子は 5000 km/s もの高速で運動している

Kコロナは、ドイツ語で「連続」を意味するKontinuierlichの頭文字をとったもので、スペクトルをとると連続光として光るので、その名前がある。理由としてはコロナの電子が高速で運動しているため、光源の太陽光の吸収線が散乱する際にドップラー効果によりかき消されてしまうからである。そのため吸収線も輝線もない。

また、黄道光につながっているのはFコロナで、これはKコロナのような高速の電子ではなく、惑星間空間の塵が太陽光を散乱して輝いているものであり、太陽光由来のフラウンホーファー（Fraunhofer）吸収線が見られる。 第16回正答率20.7%

③ べき乗則

自然界の現象では、地震や太陽フレアのように、小規模の事象は数多く起こるが、大規模の事象は少ないことがある。相関を対数グラフで表したときに、直線的になるものをべき乗則（power law）と呼ぶ。指数則では減少の仕方はもっと激しい。またガウス分布はある特定値にピークをもつ釣鐘状の分布である。まったくランダムなゆらぎをホワイトノイズと呼ぶ。 第13回正答率55.3%

④ 太陽磁場の影響や太陽風が及ぶ範囲

太陽磁場の影響や太陽風が及ぶ範囲を太陽圏といい、太陽からの距離150億km（100 au）の範囲までだと考えられている。2013年、「ボイジャー1号」が人工物として初めて太陽圏を脱出したと考えられている。

太陽の重力は太陽圏よりさらに外側にまで広がっており、太陽から10兆km以上も離れたオールトの雲あたりまで及んでいると考えられている。

太陽が肉眼で見える範囲はかなり遠方にまで及び、数十光年離れた近隣の恒星まで含んでしまう。

彩層は、太陽の光球上空で太陽を覆う厚さ約2000～1万kmのガスの層である。 第15回正答率77.6%

① 地球に降り注ぐ宇宙線の量が急激に減少する

フォーブッシュ減少とは、太陽活動のコロナ質量放出が発生したときに、地球に降り注ぐ宇宙線の量が急激に減少することである。太陽フレアで放出された荷電粒子が宇宙線を遮るためだと考えられている。　第14回正答率36.0％

 ② 太陽表面から熱以外のエネルギーが伝わり、コロナ領域で熱エネルギーに変換されている

コロナ加熱の原因はまだ謎であるが、太陽本体にあることは間違いない。しかし、太陽表面はコロナよりも低温なので熱伝導では説明できない。太陽表面から熱以外のエネルギーが伝わり、コロナで熱に変わると考えられており、磁場やナノフレアによる加熱のモデルが有力視されている。　第16回正答率70.6％

 ④ ア：p-p チェイン　　イ：1000 万年

太陽のエネルギーは、p-pチェインとCNOサイクルと呼ばれる2種類の核融合反応で生成されるが、その99％はp-pチェインが担っている。中心部で生じたエネルギーは、放射層中の原子に吸収されては放射されるという過程のため、放射層を通過するのにおよそ1000万年もの時間を要して対流層に到達する。なお、太陽で、CNOサイクル由来のニュートリノが観測されており、太陽内部でCNOサイクルの核融合反応が起きている直接的な証拠になっている。　第15回正答率33.5％

3章

EXERCISE BOOK FOR ASTRONOMY-SPACE TEST

まだ謎だらけ（！）の太陽系

Q1 図のAの位置にある惑星と地球との位置関係を示す語はどれか。

① 東方最大離角
② 東矩
③ 西方最大離角
④ 西矩

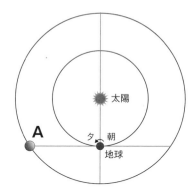

Q2 惑星が天球上を東から西へ移動するように見える現象を何と呼ぶか。

① 順行
② 逆行
③ 留
④ 合

Q3 惑星が天球上で一時停止したように見える現象を何と呼ぶか。

① 順行
② 逆行
③ 留
④ 合

Q4 火星の天球上の動きで、留はどのようなときに起きるか。

① 火星が合になる前後数日で起きる

② 火星が西矩または東矩になる前後数日で起きる

③ 火星が地球に接近する前後の時期に起きる

④ 火星が衝になる瞬間に起きる

Q5 惑星の見かけの動きの特徴で、間違っているものはどれか。

① 水星は約2カ月ごとに西方最大離角・東方最大離角をむかえる

② 火星は約2年2カ月ごとに地球に接近し、合の頃の約2カ月間は夜空を逆行する

③ 木星は黄道12星座の中を1年に1つずつ移動し、12年かけて一周する

④ 土星は約30年かけて黄道12星座を一周する

② 東矩

公転軌道からこの惑星は外惑星だとわかる。また、惑星が太陽からちょうど90°離れていることから、求める答えは東矩または西矩である。地球の朝・夕の位置関係から、図全体は公転軌道を北極側から見た図であり、惑星が太陽の左側（東側）にあるので、東矩が正答となる。
なお、最大離角は内惑星に対して用いられる用語で、また、その位置は地球から見て当該惑星公転面の接線方向で、太陽の東側のものを東方最大離角、西側のものを西方最大離角という。

第15回正答率70.4%

 ② 逆行

惑星は通常、天球上を西から東へ毎日少しずつ移動し、これを順行と呼ぶ。しかし、地球が外惑星を追い抜く前後（合の前後）や、内惑星が地球を追い抜く前後（内合の前後）には、惑星は天球上を東から西へ移動し、これを逆行と呼ぶ。なお、順行から逆行、逆行から順行に変わるとき、惑星は天球上にとどまるように見えるため、その変わり目を留と呼ぶ。

第16回正答率74.3%

 ③ 留

惑星は通常西から東へ毎日少しずつ移動する（順行）ように見えるが、惑星によって公転のスピードが異なるため、地球から見ると惑星が東から西へ逆に移動する（逆行）ように見えることがある。順行から逆行（またはその逆）に切りかわるときに、しばしその場に留まっているように見えるが、このときを留という。

A 4

③ 火星が地球に接近する前後の時期に起きる

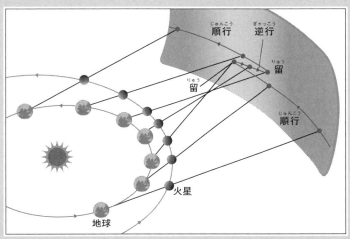

留は、地球が火星などの外惑星を追い抜くとき、すなわち接近の前後に外惑星の天球上の進行方向が、順行から逆行、逆行から順行になる切り替わりのときに起こる現象で、天球上での位置が変化しない出来事である。衝の瞬間は、逆行のピークであり、むしろ天球上での位置変化は大きい。2022年の火星接近の際の留は、10月30日と2023年1月13日、最接近は2022年12月1日、衝は12月8日であった。なお、西矩は2022年8月16日、東矩は2023年3月15日であった。次の火星最接近は2025年1月12日である。

第15回正答率70.0%

A 5

② 火星は約2年2カ月ごとに地球に接近し、合の頃の約2カ月間は夜空を逆行する

外惑星は、接近の前後に逆行するが、これは「合」ではなく「衝」の位置になる。①、③、④は正しい記述である。

第13回正答率50.2%

Q6 太陽系外縁天体のセドナは、近日点距離がおよそ76 au、遠日点距離がおよそ970 auである。セドナの軌道長半径はおよそどれくらいか。

① 100 au

② 500 au

③ 2500 au

④ 1万 au

Q7 地球の公転速度が最も速くなるのは、公転軌道上のどこか。

① 近日点

② 遠日点

③ 春分点

④ 秋分点

Q8 ケプラーの第2法則に関する記述として間違っているものはどれか。

① 面積速度一定の法則とも呼ばれる

② 角運動量保存の法則と同じである

③ 惑星と衛星の間にも成り立つ

④ 近日点から遠日点までの移動時間は、遠日点から近日点までの移動時間より短い

ケプラーの第3法則に関する記述として、間違っているものはどれか。

① 惑星の軌道長半径の3乗と公転周期の2乗との比は、どの惑星でも一定である

② 太陽を回る惑星の運動だけでなく、惑星を回る衛星の運動についても成り立つ

③ 軌道長半径の3乗と公転周期の2乗の比は、惑星でも衛星でも、いずれも同じ値になる

④ 2つの恒星が回り合っている連星系では、ケプラーの第3法則は、一般化されたケプラーの第3法則に拡張される

Q10 粒子の質量を m、回転半径を r、回転速度を v とすると、角運動量 L はどう表せるか。

① mrv

② mr^2v

③ mv/r

④ mv^2/r

Q11 図は太陽のまわりの地球の楕円軌道を北極側からみたものである。図の軌道上で春分に相当する位置はどこか。

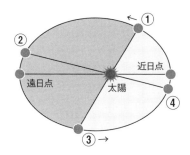

② 500 au

軌道長半径 a は近日点距離と遠日点距離の和の半分となる。したがって、

$a = （76 + 970)/2 = 502.3 〜 500$ au

となり、②が正答となる。

第15回正答率83.4%

 ① 近日点

ケプラーの第2法則によると、太陽と惑星を結ぶ線分が単位時間に一定の面積を描くように、惑星が公転する。つまり、惑星が（この場合、地球が）太陽に最も近い点、つまり近日点で公転速度がもっとも速くなる。

第13回正答率88.1%

 ④ 近日点から遠日点までの移動時間は、遠日点から近日点までの移動時間より短い

近日点から遠日点までに、太陽と惑星を結ぶ線分が掃く面積も、遠日点から近日点までに、太陽と惑星を結ぶ線分が掃く面積も、いずれもちょうど楕円の面積の半分になる。面積が等しいので、ケプラーの第2法則により、移動時間は同じになる。したがって④の記述が間違っており、④が正答となる。なお、①、②、③は正しい記述である。

第13回正答率66.4%

③ 軌道長半径の3乗と公転周期の2乗の比は、惑星でも衛星でも、いずれも同じ値になる

ケプラーの第3法則は、①の「惑星の軌道長半径の3乗と公転周期の2乗との比は、どの惑星でも一定である」というものである。この一定の値は、運動の中心にある太陽の質量に比例する。惑星と衛星でも、衛星の軌道長半径の3乗と公転周期の2乗との比は、どの衛星でも一定の値になるが、その値は運動の中心にある惑星の質量に比例する。したがって、これらの一定の値は、惑星の運動と衛星の運動では異なる値になり、③が間違っているので、③が正答となる。

連星の運動では、軌道長半径の3乗と公転周期の2乗の比は、2つの恒星の質量の和に比例する。惑星の運動では太陽の質量に比べて惑星の質量が、衛星の運動では惑星の質量にくらべて衛星の質量が無視できるくらい小さいため、一定の値はそれぞれ太陽や惑星の質量で決まる。しかし連星の場合、2つの恒星の質量は互いに無視できない大きさがあるため、一定の値は両星の質量の和に比例し、これを一般化されたケプラーの第3法則と呼ぶ。

第14回正答率45.4%

① mrv

回転運動に関わる量は形が似ていて間違いやすい。
角速度 $\Omega\,(=v/r)$、遠心力 $mr\Omega^2\,(=mv^2/r)$、そして角運動量 $L=mrv=mr^2\Omega$ など、角速度や回転速度を使った別の表現にも慣れて欲しい。

第14回正答率25.8%

①

春分～冬至は地球の自転軸の傾きで決まるものなので、地球軌道とは無関係であり、楕円軌道上で対称的な位置にはこない。実際、冬至（④）のころが近日点に近く、夏至（②）は遠日点に近い。また、ケプラーの第2法則のため遠日点を含む春分から秋分まで（約186日）の方が、近日点を含む秋分から春分まで（約179日）より長い。

第13回正答率65.3%

Q12 太陽に近い順に正しく並んでいるのはどれか。

① 小惑星帯－冥王星－太陽圏界面－オールトの雲
② 冥王星－小惑星帯－太陽圏界面－オールトの雲
③ 小惑星帯－冥王星－オールトの雲－太陽圏界面
④ 小惑星帯－太陽圏界面－オールトの雲－冥王星

Q13 短周期彗星の起源ともされ、海王星よりも外側で黄道面に沿ってたくさんの小天体が分布している領域を何というか。

① オールトの雲
② ハビタブルゾーン
③ エッジワース・カイパーベルト
④ ヘリオポーズ

Q14 彗星は便宜上、その周期によって長周期彗星と短周期彗星に分けられる。その境となる周期を選べ。

① 50年
② 100年
③ 200年
④ 400年

Q 15

小惑星の中には軌道が似ているものがある。そのような集団を何というか。

① 類

② 族

③ 系

④ 線

Q 16

小惑星帯にある天体を全部合わせた質量はどれくらいになるか。

① 月の質量より小さい

② 火星の質量と同程度

③ 地球の質量と同程度

④ 地球の質量の2倍程度

Q 17

木星が巨大な惑星になれた理由として、重要なものはどれか。

① 木星があるあたりで、原始太陽系円盤内の氷が昇華しなかったこと

② 小惑星帯が木星の内側にあったこと

③ 金星と地球が同じくらいの大きさで誕生したこと

④ 土星に比べて、環が小規模であったこと

A 12 ① 小惑星帯－冥王星－太陽圏界面－オールトの雲

小惑星帯は火星と木星の軌道の間に小惑星がたくさん分布している領域。冥王星は、海王星軌道の外側を公転している（近日点の近くでは、海王星軌道の内側に入る）。太陽圏界面は、太陽風が恒星間空間を吹く風とせめぎ合い、スピードが0になる場所。太陽からおよそ100 auのところだ。オールトの雲はそれよりもさらに大きな構造で、太陽から半径1000〜10万auくらいまであると考えられている。

第13回正答率74.0%

 A 13 ③ エッジワース・カイパーベルト

ケネス・エッジワースとジェラルド・カイパーはそれぞれこのベルト状の領域を提唱し、ここから短周期彗星がやってくると考えた。1992 年に最初の太陽系外縁天体「1992 QB$_1$（アルビオン）」が発見され、彼らの考えが正しいことが証明された。オールトの雲は、ヤン・オールトによって提唱された太陽系を包むように広がる球殻状の領域で、長周期彗星はここからやってくると考えられている。ハビタブルゾーンは、水が液体として存在できる惑星の軌道領域である。ヘリオポーズは、太陽風の風圧と星間ガスの圧力がつり合う位置で、太陽圏界面ともいい、太陽からおよそ100 auの位置にある。

第11回正答率80.2%

 A 14 ③ 200 年

彗星も太陽の周りを公転する天体の仲間だが、その周期はさまざまで、数年という短いものから、数百年と長いものや、軌道が変化して戻ってこないものなどがある。それらの中で、周期が200年以上のものを長周期彗星、200年未満のものを短周期彗星という。なお、この200年という値に特別な意味はなく、便宜的なものである。

② 族

小惑星のなかでよく似た軌道をもつグループを「族」という。同じ族の小惑星は、小惑星同士が過去に衝突してできた破片であったり、違った軌道であった小惑星が、その族の小惑星の軌道に入り込んできて、似たような軌道になったものだと考えられている。
なお、木星と太陽とちょうど正三角形をつくる位置にも多くの小惑星があり、これをトロヤ群と呼んでいる。これらも同じような軌道をもつ。　　　　　第15回正答率55.8%

① 月の質量より小さい

火星と木星の間に惑星がない理由として、太陽系の形成の過程で、木星軌道のすぐ内側では微惑星の軌道が木星の重力で乱され、お互いが衝突して小惑星となったから、と考えられている。しかし、小惑星帯の天体を合わせても、その質量は月に満たないので、もともと材料が少なかったためではないかとも言われている。　　　　第14回正答率85.0%

① 木星があるあたりで、原始太陽系円盤内の氷が昇華しなかったこと

木星が巨大な惑星になったのは、原始の太陽系にあったガスを大量に取り込めたからである。ただし、ガスを大量に取り込むためには、もともとある程度大きな「核」がなくてはならず、それは岩石や金属、氷などの固体が衝突し合体してつくられる。もし氷が昇華してガス（水蒸気）の状態だったとすると、その分の材料がなく「核」はより小さくなり、大量のガスを取り込めなかっただろう。氷が昇華しなかったのが重要なのである。

第14回正答率84.3%

Q 18 京都モデルによると、惑星はどのように誕生したと考えられているか。

① 原始太陽系円盤の中の塵が集まって微惑星となり、それらが衝突合体して惑星ができた
② 原始太陽系円盤の中のガスと塵が集まって原始ガス惑星となり、その中で塵が中心部に沈殿して核をもつ惑星ができた
③ 原始太陽が爆発した際に飛び散った物質が集まってできた
④ 巨大な太陽フレアの衝撃波によってガスと塵が圧縮されてできた

Q 19 現在の太陽系の雪線はどの位置にあるか。

① 金星と地球の公転軌道の間
② 地球と火星の公転軌道の間
③ 火星と木星の公転軌道の間
④ 木星と土星の公転軌道の間

Q 20 次の写真は火星探査機が撮影したものである。ここに写っている球状のものは何か。

① 水の氷の粒
② 二酸化炭素の氷の粒
③ 球状の赤鉄鉱
④ 火星生命の痕跡

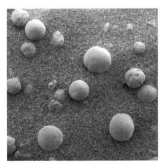

©NASA/JPL-Caltech/Cornell/USGS

小惑星リュウグウについての記述のうち、間違っているのはどれか。

① リュウグウは、母天体と他の天体が衝突してできた破片から形成された
　 と考えられている
② リュウグウは、主に含水層状ケイ酸塩で出来ている
③ 含まれていた氷が太陽熱で昇華し、隙間の多い構造になっている
④ 粒子の化学的特徴は、エコンドライト隕石と似ている

小惑星探査機「オシリス・レックス」が探査した小惑星はどれか。

① イトカワ
② リュウグウ
③ ベンヌ
④ セドナ

A 18 ① 原始太陽系円盤の中の塵が集まって微惑星となり、それらが衝突合体して惑星ができた

現在考えられている太陽系形成の基本的なシナリオは、1980年頃に京都大学の林忠四郎が提唱した京都モデルが標準となっている。②は京都モデルに対抗する別のモデルによる考え方だが、現在では大まかなシナリオとしては京都モデルの方が有力だと考えられている。
第16回正答率89.4%

A 19 ③ 火星と木星の公転軌道の間

金星、地球、火星、木星、土星の太陽からの平均距離はそれぞれ0.7 au、1 au、1.5 au、5.2 au、9.6 auである。現在の太陽系の雪線は3 au付近にあるため、雪線は火星と木星の公転軌道の間にある。
第15回正答率84.5%

A 20 ③ 球状の赤鉄鉱

写真に写っている球状のものは、火星探査ローバー「オポチュニティ」が発見した平均直径4 mmのヘマタイト（赤鉄鉱）である。赤鉄鉱は火星ではありふれているが、このように球状になったのは液体の水の流れによって鉱物が沈殿して形成されたと考えられている。
第16回正答率42.6%

④ 粒子の化学的特徴は、エコンドライト隕石と似ている

リュウグウの母天体は太陽から離れた低温の領域で成長し、その中で溶けた水と岩石が反応して含水鉱物が出来たと考えられている。その母天体と他の天体が衝突してできた破片が地球近くに飛んできて、含まれていた氷が太陽熱で昇華し、隙間の多い構造となった。よって、溶融を経験していないと考えられるので、未分化の隕石であるコンドライトと似た化学的特徴をもっている。エコンドライトは溶融を経験している隕石で、エ（英語のa）は否定を表す接頭辞である。　第15回正答率25.6%

③ ベンヌ

NASAの探査機「オシリス・レックス」は小惑星ベンヌにタッチダウンし、サンプルの採取に成功、2023年9月に地球にサンプルが届けられた。「オシリス・レックス」はその後、延長ミッション「OSIRIS-APEX」を開始、小惑星アポフィスに向かっている。

ベンヌは地球に衝突する確率が計算されている小惑星である。今回の探査データからベンヌの軌道を正確に計算し、地球に衝突する危険性を分析した結果が、従来の推定よりもわずかに高い1750分の1（0.057%）とわかった。

なお、イトカワは「はやぶさ」（初号機）が、リュウグウは「はやぶさ2」が探査した小惑星であり、セドナにはまだ探査機は行っていない。　第14回正答率58.9%

4章

EXERCISE BOOK FOR ASTRONOMY-SPACE TEST

十人十色の星たち

Q1 天文学で用いられる重元素ではない元素とは、原子番号がいくつまでの元素のことか。

① 原子番号2のHeまで
② 原子番号10のNeまで
③ 原子番号18のArまで
④ 原子番号20のCaまで

Q2 次の天体のうち、見かけの等級の数値が最も小さくなる天体はどれか。

① 金星
② 火星
③ シリウス
④ ベガ

Q3 太陽と1等星の見かけの明るさは、およそ何倍違うか。

① 1000万倍
② 10億倍
③ 1000億倍
④ 10兆倍

Q4 星の見かけの等級と絶対等級との違いは、星の何が違うことで生じるか。

① 温度
② 地球からの距離
③ 質量
④ 半径

恒星Aと恒星Bは見かけの明るさが同じである。恒星Bが恒星Aより10倍
遠くにあるとすると、2つの恒星の絶対等級の差は何等級になるか。

① 2等級

② 5等級

③ 10等級

④ 100等級

アルビレオは3等星のA星と5等星のB星からなる二重星である。A星は
B星のおよそ何倍の明るさか。

① 2倍

② 4倍

③ 6倍

④ 8倍

天体の明るさに関する記述のうち、正しいものはどれか。

① ギリシャのアリストテレスが、初めて肉眼で見える星の明るさを等級で
　分類した

② 星の明るさと等級差の関係を初めて数式で定義したのは、イギリスの
　ジョン・ハーシェルである

③ 太陽の見かけの明るさは－26.7等級、満月は－12.7等級である

④ 絶対等級を求める際の基準となる距離は、10光年である

① 原子番号2のHeまで

一般には重元素というと、金属のような原子番号の大きな元素のイメージがあるが、実は一般的な重元素の定義はない。ただし、天文学、宇宙物理学や物理化学など研究分野ごとに重元素の定義はある。天文学、宇宙物理学では、ビックバン直後に存在した水素（H）とヘリウム（He）以外の元素はすべて重元素と呼ぶことになっている。

第14回正答率75.2%

① 金星

金星は最も明るいときで約－4等台、火星は最も明るいときで約－2等台、全天で最も明るい恒星であるシリウスは約－1等、ベガは約0等。等級は明るいほど小さい数値で表すので、①が正答となる。

第11回正答率63.9%

③ 1000億倍

太陽の実視等級は約－27等級である。1等星とは、28等級の違いがある。5等級異なると明るさは100倍変わるので、28等級の違いは大雑把に100億倍（25等級の差）から1兆倍（30等級の差）の間の、およそ1000億倍であることがわかる。

第10回正答率42.0%

② 地球からの距離

見かけの等級は地球から見たときの等級であり、絶対等級は星を32.6光年（10パーセク）の距離においたときの等級である。明るさは距離の2乗に反比例するので、距離の違いにより、見かけの等級と絶対等級に差が生じる。

第1回正答率81.1%

② 5 等級

星の明るさは距離の2乗に反比例するため、10倍遠くにあるということは、恒星Bの本来の明るさは恒星Aの本来の明るさの100倍となる。

明るさに100倍の違いがあると、等級差は5等級なので、②が正答となる。

 ③ 6 倍

アルビレオは、はくちょう座の口ばしにあたるβ星（β Cyg）で、オレンジ色に輝く3等星のA星と、青く輝く5等星のB星からなる美しい二重星である。小型望遠鏡でも、その美しい姿を見ることができる。等級が1等級違えば、明るさはおよそ2.5倍になる。アルビレオの場合、2等級違うので、2.5×2.5＝6.25倍となり、③の6倍が正答となる。

 ③ 太陽の見かけの明るさは－26.7等級、満月は－12.7等級である

初めて星の明るさを等級で表したのは、ギリシャのヒッパルコスである。その後、イギリスのノーマン・ポグソンが星の明るさと等級差の関係を数式で定義した。絶対等級を求める際の基準となる距離は、32.6光年（10 pc）である。

天文学において用いられる色指数とは何か。

① ベガと比べたときの星の表面温度の差
② 光の波長（単位メートル）の常用対数
③ 2つの異なる色フィルターを通して測光したときの等級差
④ 見かけの等級と絶対等級の差

 天体の色と温度について説明した次の文のうち、間違っているものはどれか。

① 春の大曲線のスピカとアークトゥルスでは、スピカのほうが白っぽく見えるので温度が高い
② ふたご座のカストルとポルックスでは、カストルのほうが白っぽく見えるので温度が高い
③ 火星と海王星では、海王星のほうが青っぽく見えるので温度が高い
④ 火星とアンタレスは、同じように赤っぽく見えるが、アンタレスのほうが温度が高い

 太陽光のスペクトルの中に見られるフラウンホーファー線とその原因となる元素の関係が正しいものはどれか。

① C線ーカルシウム
② D線ーナトリウム
③ H線ー水素
④ K線ーカリウム

電磁波を、波長の短い順に正しく並べたものはどれか。

① 赤外線－電波－Ｘ線－可視光

② 可視光－Ｘ線－電波－赤外線

③ Ｘ線－可視光－赤外線－電波

④ 電波－赤外線－可視光－Ｘ線

 天体の観測に使われる電磁波のうち、地上では全く観測できないのはどれか。

① Ｘ線　　　　② 可視光線
③ 赤外線　　　④ 電波

 スペクトル型を高温度星から低温度星に正しく並べたものはどれか。

① Ｏ－Ａ－Ｂ－Ｆ－Ｇ－Ｋ－Ｍ

② Ｏ－Ａ－Ｂ－Ｋ－Ｍ－Ｆ－Ｇ

③ Ｏ－Ｂ－Ａ－Ｆ－Ｇ－Ｋ－Ｍ

④ Ｏ－Ｂ－Ａ－Ｋ－Ｍ－Ｆ－Ｇ

 次の星のうち、可視光の青色の波長帯で測定した明るさが、赤色の波長帯で測定した明るさより明るい星はどれか。

① ベテルギウス

② ポルックス

③ 太陽

④ リゲル

③ 2つの異なる色フィルターを通して測光したときの等級差

恒星の表面温度を知るためには、表面温度によって変化する恒星の色を測定するのがよい。恒星の色は基本的に同じ温度の黒体放射の色に近く、恒星の色の違いは、恒星からの放射波長のうち2つの色域の明るさの比（すなわち等級の差）で知ることができる。したがって、星の色の指標となる色指数は、異なる2波長域で測光したとき、波長の短い波長域での等級から波長の長い波長域での等級を引いた等級差で定義されている。色指数は1つの恒星について、フィルターを変えて2回観測すれば求めることができるので手軽なほか、スペクトルと違って色を細かく分解する必要がないので、暗い星でも測定がしやすい。

③ 火星と海王星では、海王星のほうが青っぽく見えるので温度が高い

太陽近傍の恒星については、（青）白っぽく見える星の方が赤っぽく見える星より表面温度が高い。しかし、惑星は、太陽の光を反射して輝いているため、色は温度をそのまま反映するわけではない。海王星が青っぽく見えるのは、海王星の大気中にあるメタンが、赤い光を吸収し、青い光が反射されて青く輝くためであり、実際には海王星の方が火星より温度が低い。ちなみに、カストルは α Gem、ポルックスは β Gem であるが、ポルックスのほうがやや明るい。

第11回正答率87.2%

② D 線ーナトリウム

ドイツの物理学者ヨゼフ・フォン・フラウンホーファーが太陽光中の吸収線を発見し、特に強い吸収線にA線〜K線と名付けた。その後、吸収線の原因が太陽大気中あるいは地球大気中に存在する元素にあることが発見されたため、吸収線の名称と元素記号が紛らわしくなってしまった。
この問いのC線は水素のH α 線、D線はナトリウムの線、H線とK線はカルシウムの線である。

第16回正答率66.6%

③ X線－可視光－赤外線－電波

電磁波は波長域ごとに短い方からガンマ線、X線、紫外線、可視光、赤外線、電波と呼ばれる。われわれ人間が目に感じる、紫から赤までの光を可視光という。

第15回正答率75.1%

① X線

地球の大気は、電磁波のうち可視光線と赤外線、電波の一部はよく通すが、紫外線はかなり吸収され、ガンマ線やX線は完全に吸収されてしまうため、地上での観測が難しい。しかし、ガンマ線やX線や紫外線で明るくみえる天体もあるため、もっぱら人工衛星を活用した宇宙空間での観測が行われる。X線に関しては、高高度の気球も使われていた。なお、地上で十分観測できる可視光線でも、宇宙空間では大気のゆらぎの影響がないので、宇宙望遠鏡が活躍している。

第8回正答率60.2%

③ O－B－A－F－G－K－M

スペクトル分類のアルファベットの順番がばらばらなのは、スペクトル型と天体の温度が対応していることが後からわかったからである。覚え方として、

"Oh, Be A Fine Girl（Guy）, Kiss Me！"

"Oh, Beautiful And Fine Girl, Kiss Me！"

「お婆、河豚噛む」

がよく紹介されているが、何かスマートな覚え方はないものだろうか。

第14回正答率76.3%

④ リゲル

リゲルはスペクトル型がB型と高温な星であり、青白く輝く。そのため、リゲルの明るさは青色の波長帯の方が赤色の波長帯よりも明るくなる。なお、ベテルギウスはM型、ポルックスはK型、太陽はG型で、いずれも青色の波長帯よりも赤色の波長帯の方が明るい。

Q15

おおいぬ座α星Ａ（シリウスＡ）は太陽の約２倍の質量をもつ主系列星である。シリウスＡについての説明のうち、間違っているものはどれか。

① 太陽より光度が大きい
② 太陽より表面温度が高い
③ 太陽より寿命が長い
④ 進化の終末期に白色矮星になる

Q16

画像はさまざまな星のスペクトルだが、矢印で示す486 nmの波長でみられる強い吸収線は何か。

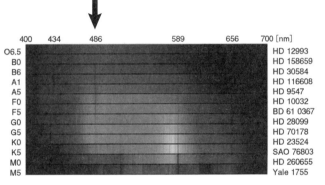

©KPNO／AURA／NOAO

① 水素のＨα線
② ナトリウムの吸収線
③ 水素のＨβ線
④ 水素のＨγ線

Q17 次のHR図で白色矮星の位置として当てはまるものはどれか。

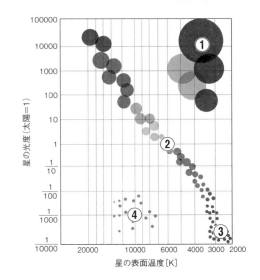

Q18 HR図の「HR」は誰と誰の頭文字をとったものか。

① ハッブルとライマン

② ハッブルとラッセル

③ ヘルツシュプルングとライマン

④ ヘルツシュプルングとラッセル

Q19 次の横軸と縦軸を組み合わせた図の中で、HR図ではないものはどれか。

① 横軸：スペクトル型　　縦軸：光度

② 横軸：表面温度　　　　縦軸：光度

③ 横軸：表面温度　　　　縦軸：絶対等級

④ 横軸：色指数　　　　　縦軸：絶対等級

A 15 ③ 太陽より寿命が長い

主系列星では質量が大きいほど光度は大きくなり、表面温度は高くなる性質がある。また寿命は質量の2.5〜3乗に反比例する性質がある。したがってシリウスAの寿命は太陽より短くなる。約8太陽質量より軽い恒星は進化の終末期に白色矮星になるので、シリウスAも白色矮星になる。

第16回正答率71.3%

A 16 ③ 水素のHβ線

A型星あたりでは水素の吸収線が強く、656 nmのHα線、486 nmのHβ線、434 nmのHγ線などが目立つ。O型などの高温度星になると、水素は電離が進み吸収線は弱くなる。逆に、K型やM型などの低温度星では、水素原子はほとんど励起されず、やはり吸収線は弱くなる。そしてM型などの低温度星では、ナトリウムなどイオン化されやすい原子の吸収線や、分子による吸収帯がみられるようになる。589 nmの吸収線はナトリウムによるものである。

第13回正答率14.3%

④

図の①は赤色巨星で、明るいが低温の天体。②は主系列星で、HR図の帯状領域にあり、大多数の星が含まれる。③は褐色矮星で、低温で暗く、質量が非常に小さい天体。④は白色矮星で、温度は高いが暗い天体である。　第14回正答率92.5%

 ④ ヘルツシュプルングとラッセル

HR図を最初に提唱したのは、デンマークのアイナー・ヘルツシュプルング（Ejnar Hertzsprung）とアメリカのヘンリー・ノリス・ラッセル（Henry Norris Russell）であり、ヘルツシュプルング・ラッセル図（略してHR図）と呼ぶ。　第15回正答率83.7%

 ④ 横軸：色指数　　縦軸：絶対等級

HR図は、横軸にスペクトル型または表面温度を、縦軸に絶対等級または光度をとって恒星をプロットした図である。色指数は表面温度の指標となるが、横軸に色指数を使った図は色-等級図と呼ばれ、HR図とは区別される。したがって④が正答となる。

4章

十人十色の星たち

次の図から主系列星の光度 L は表面温度 T のだいたい何乗に比例すると読み取ることができるか。

① 2乗
② 4乗
③ 6乗
④ 8乗

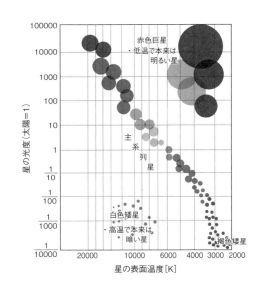

太陽が将来、赤色巨星となった場合の表面温度と光度の組み合わせとして最も適当なものはどれか。ただし、太陽の現在の光度を1とする。

① 表面温度：3500 K　　　光度：1/1000
② 表面温度：3500 K　　　光度：1000
③ 表面温度：3万5000 K　　光度：1/1000
④ 表面温度：3万5000 K　　光度：1000

同じ表面温度の赤色巨星と主系列星の恒星を比べた。光度に約10等級の
差がある場合、表面積はどれくらいの差があるか。

① 10倍
② 100倍
③ 1万倍
④ 100万倍

変光星についての説明のうち、間違っているものはどれか。

① 星自体が膨張や収縮を繰り返して、明るさが変わるタイプの変光星を伸
　縮変光星という
② 連星がお互いを隠し合って、明るさが変わるタイプの変光星を食変光星
　という
③ 前主系列星にも変光星がある
④ 星の表面で爆発現象が起きて、明るさが変わるタイプの変光星もある

④ 8乗

図で主系列星に沿って直線を引くと、表面温度が2000 Kで光度はおよそ1/1000（10^{-3}）、20000 Kでおよそ10000（10^5）となり、表面温度が10倍になると光度は10^8になる。したがって主系列星の光度Lは表面温度Tの約8乗に比例することがわかり、④が正答となる。一方、ステファン・ボルツマンの法則から、星の半径をRとすると、$L \propto R^2 T^4$なので、$R \propto T^2$ぐらいになる。

② 表面温度：3500 K　　光度：1000

太陽は主系列星の段階にあり、表面温度は約6000 Kである。赤色巨星になると大きく膨張し、表面は約3500 K程度となり、現在の光度の約1000倍となる。

③ 1万倍

星の明るさ（光度）は、半径の2乗×表面温度の4乗に比例する（ステファン・ボルツマンの法則）。10等級の差は明るさにして1万倍の違いがある。星の表面積は半径の2乗に比例するので、星の表面温度が同じであれば、赤色巨星の表面積は主系列星の1万倍となる。

第15回正答率56.6%

① 星自体が膨張や収縮を繰り返して、明るさが変わるタイプの変光星を伸縮変光星という

星自体が膨張や収縮を繰り返して明るさが変わるタイプの変光星は脈動変光星と呼ばれる。

主系列星に進化する直前の前主系列星は、その周囲に、前主系列星の周りを回る濃いガスを伴っており、そのガスの濃淡によって遮られる光が変化し、変光星として観測されるものもある。

星の表面で爆発現象が起きて、明るさが変わるタイプの変光星はフレア星（閃光星）と呼ばれる。

第16回正答率69.0%

EXERCISE BOOK FOR ASTRONOMY-SPACE TEST

星々の一生

Q1

次の文の【ア】、【イ】に当てはまる語の組み合わせとして正しいものはどれか。

「主系列星の寿命は【ア】を【イ】で割ることによって見積もることができる。」

① ア：質量　　　イ：光度
② ア：質量　　　イ：絶対等級
③ ア：半径　　　イ：光度
④ ア：半径　　　イ：絶対等級

Q2

主系列星の光度が質量の3.5乗に比例するとき、太陽の9倍の質量の主系列星の寿命はおよそどれくらいか。太陽の寿命を100億年とせよ。

① 400万年
② 4000万年
③ 4億年
④ 40億年

Q3

太陽の質量の8倍の主系列星の光度は、太陽の光度のおよそ何倍になるか。

① 30倍　　　　② 300倍
③ 3000倍　　　④ 3万倍

Q4

次の星の集団のうち、重力的な束縛が最も弱いものはどれか。

① 近接連星
② アソシエーション
③ 散開星団
④ 球状星団

Q5 原始星のエネルギー源は何か。

① 収縮するガス雲の重力エネルギー
② 水素の核融合反応
③ 塵が放射する赤外線
④ 近くの大質量星の紫外線

Q6 オリオン大星雲などの星形成領域で数多く見つかっている星はどのような星か。

① 白色矮星
② 褐色矮星
③ 赤色巨星
④ 青色超巨星

Q7 図は、太陽と同じ質量の恒星のHR図上での進化経路である。図中のAの位置まで進化したときの半径は、太陽の半径のおよそ何倍になっているか。なお、太陽の絶対等級は5等級、表面温度は6000 Kとしてよい。

① 25倍
② 50倍
③ 100倍
④ 250倍

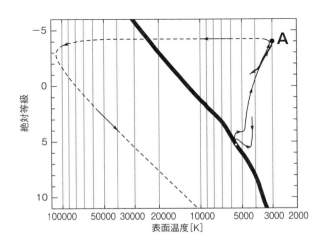

① ア：質量　イ：光度

主系列星のエネルギーは水素がヘリウムに変わる核融合反応によって生み出されており、燃料の水素の量は質量に比例する。他方、光度は恒星から単位時間あたりに放射されるエネルギーであり、エネルギーの消費率に対応する。したがって、主系列星の寿命は、燃料（質量）を消費率（光度）で割ることによって見積もることができ、①が正答となる。

② 4000万年

主系列星の寿命は、質量（燃料に対応）を光度（燃料の消費率に対応）で割ることで見積もることができる。質量と光度を太陽を1とする単位で測れば、恒星の寿命 τ は、$\tau = 100$億年 $\times M/L = 100$億年 $\times M/M^{3.5} = 100$億年 $/M^{2.5}$ と表すことができる。したがって、$\tau = 100$億年 $/9^{2.5} = 100$億年 $/(9^2 \times \sqrt{9}) = 100$億年 $/(81 \times 3) = 100$億年 $/243 \sim 100$億年 $/250 \sim 0.4$億年 $= 4000$万年。したがって正答は②となる。

③ 3000倍

主系列星の質量と光度との間には質量光度関係が存在し、光度は質量の3.5～4乗に比例する。質量と高度の単位を、いずれも太陽を1とする単位で測れば、$L = M^{3.5 \sim 4}$ と表される。したがって、太陽の質量の8倍の主系列星の光度を L とすると、$8^3 < 8^{3.5} < L < 8^4$ となる。$8^3 = 64 \times 8 \sim 500$、$8^4 = 64 \times 64 \sim 4000$ であるから、これらの間にある③の3000倍が正答となる。

② アソシエーション

暗黒星雲や巨大分子雲の中では星が集団でつくられる。連星は2個～数個の星が共通重心のまわりを公転している。散開星団は、星数が数十個～数百個で、星がまばらに集まっているように見える。球状星団は星数が数万個～数十万個で、星が球状に密集している。アソシエーションは10～100個程度の星が広い範囲に散らばっており、重力的な束縛が弱いため、次第に集団として認識されなくなる。

① 収縮するガス雲の重力エネルギー

原始星は収縮するガスの重力エネルギーが熱エネルギーに変わって大量の赤外線を放射する。水素の核融合反応は主系列星のエネルギー源である。塵が放射する赤外線は塵の黒体放射によるもので、絶対温度数十K～100 K程度の塵は遠赤外線を大量に放射する。また、大質量星が放射する紫外線のエネルギーにより周囲の水素ガスが電離すると、HⅡ領域という赤い星雲（輝線星雲）として輝いて見える。

第15回正答率78.0%

② 褐色矮星

オリオン大星雲は若い散開星団（オリオン星雲星団）を伴っており、その中でもトラペジウムは若く明るい星の集まりである。星形成領域では、現在も盛んに星が生成されており、その中には質量が小さく核反応に至らない褐色矮星が大量に存在すると考えられている。したがって②が正答となる。なお、星形成領域では、赤色巨星や白色矮星にまで進化した星はほとんど見られないし、青色超巨星そのものも数多くは存在しない。

第13回正答率40.6%

④ 250 倍

Aの位置での恒星の絶対等級は－4等であり、太陽より9等級明るい。等級差が1等の場合、明るさは2.5倍、5等級の場合100倍になる。したがって、Aの位置での光度Lは、10等級明るい10000倍より1等級暗いので、太陽の光度$L_\odot$の10000/2.5＝4000倍となる。ここで太陽の半径を$R_\odot$、表面温度を$T_\odot＝6000$ K、Aの位置での半径をR、表面温度を$T＝3000$ Kとすると、$L＝4000\,L_\odot$であるから、ステファン・ボルツマンの法則より、

$$R^2 T^4 ＝ 4000 \times R_\odot^2\, T_\odot^4$$

が成り立つ。これから、

$$\frac{R}{R_\odot} ＝ \sqrt{4000 \times \left(\frac{T_\odot}{T}\right)^4} ＝ 10\sqrt{40} \times \left(\frac{6000}{3000}\right)^2 ≒ 10 \times 6 \times 4 ＝ 240 倍$$

となり、これに最も近い④が正答となる。

第16回正答率31.0%

Q8 星の一生について正しく説明したものはどれか。

① 主系列星を経ないで赤色巨星になる恒星がある
② すべての恒星が最終的には赤色巨星になる
③ 超新星爆発を起こさない星は全て惑星状星雲をつくる
④ 主系列星にならない原始星は褐色矮星になる

Q9 次の文の【ア】、【イ】に当てはまる式の組み合わせとして正しいものはどれか。
「連星間の距離を a [au]、公転周期を P [年]、太陽の質量を1としたときの恒星の質量を m_1、m_2、それらの恒星の重心からの距離をそれぞれ a_1、a_2 ($a_1 + a_2 = a$) とするとき、$m_1 + m_2 =$【ア】、$m_1 : m_2 =$【イ】の関係が成り立つ。」

① ア：a^3/P^2　　イ：$a_1 : a_2$
② ア：a^2/P^3　　イ：$a_1 : a_2$
③ ア：a^3/P^2　　イ：$a_2 : a_1$
④ ア：a^2/P^3　　イ：$a_2 : a_1$

Q10 次の文の【ア】、【イ】に当てはまる語句の組み合わせとして最も適当なものを選べ。
「質量が太陽の質量の【ア】倍より大きく、かつ8倍より小さい場合、星は【イ】、星としての死を迎えることになる。」

① ア：0.08　　イ：惑星状星雲を形成して
② ア：0.08　　イ：超新星爆発を起こして
③ ア：0.46　　イ：惑星状星雲を形成して
④ ア：0.46　　イ：超新星爆発を起こして

Q 11

次の文章中の【 ア 】、【 イ 】、【 ウ 】に当てはまる語の組み合わせとして正しいものはどれか。

「超新星は、水素の吸収線が【 ア 】Ⅰ型と、【 イ 】Ⅱ型に分類される。Ⅰ型のうち、ケイ素の吸収線が見られる超新星は【 ウ 】に分類される。」

① ア：見られる　　　イ：見られない　ウ：Ⅰa型
② ア：見られる　　　イ：見られない　ウ：Ⅰb型
③ ア：見られない　イ：見られる　　　ウ：Ⅰa型
④ ア：見られない　イ：見られる　　　ウ：Ⅰb型

Q 12

星全体が粉々に砕けて、中心部に何も残さないと考えられる超新星のスペクトルが観測された。そのスペクトルに見られる特徴はどれか。

① 水素の吸収線が見られた
② 水素の吸収線が見られないが、ヘリウムの吸収線は見られた
③ 水素の吸収線が見られないが、ケイ素の吸収線は見られた
④ 水素、ヘリウム、ケイ素の吸収線はいずれも見られない

Q 13

次の図は、星の内部の元素分布を模式的に表したもので、グレーの円は核融合反応の領域を表す。主系列星はどれか。

①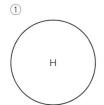

②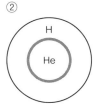

③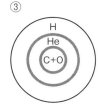

④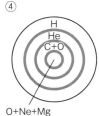

A 8

④ 主系列星にならない原始星は褐色矮星になる

恒星はその質量により一生が決まる。質量が太陽の0.08倍以下の原始星は主系列星になれず、褐色矮星になる。質量が太陽の0.08～0.46倍の恒星だと、主系列星にはなるが、やがて中心部のヘリウムコアを包み込む水素の外層は宇宙空間に霧散し、最後はヘリウムを主成分とした白色矮星として星の一生を終える。このとき宇宙空間に霧散した水素の外層は惑星状星雲とはならず、単に星を離れていく。質量が太陽の0.46～8倍の恒星は、ヘリウムコアが収縮して赤色巨星へと進化し、ヘリウムコアの内部で炭素や酸素を合成する核融合が起こる。その後、外層は静かに星から離れて惑星状星雲を形成し、残った中心部は白色矮星となり、星の一生を終える。質量が太陽の8倍以上の星は、赤色巨星に進化した後、最終的には超新星爆発を起こして星の一生を終える。したがって④が正答となる。

A 9

③ ア：a^3/P^2　　イ：$a_2:a_1$

連星間距離をa[au]、公転周期をP[年]、太陽の質量を1としたときの恒星の質量をm_1、m_2、とすると、$a^3/P^2 = m_1 + m_2$が成り立ち、これを一般化されたケプラーの第3法則という。また、m_1、m_2の恒星の重心からの距離をそれぞれa_1、a_2とすると、$a_1 + a_2 = a$、$a_1 : a_2 = m_2 : m_1$が成り立つ。したがって③が正答となる。 第16回正答率43.0%

A 10

③ ア：0.46　　イ：惑星状星雲を形成して

質量が太陽の0.46～8倍の星は、赤色巨星に進化した後、外層を静かに宇宙空間に放出して惑星状星雲を形成し、中心部に白色矮星を残して星としての死を迎える。質量が太陽の0.08～0.46倍の質量の星は最後に白色矮星となるが、惑星状星雲は形成しない。したがって③が正答となる。なお、質量が太陽の8倍以上の星は、赤色巨星に進化した後、超新星爆発を起こして星としての死を迎える。

③ ア：見られない　イ：見られる　　ウ：Ⅰa型

超新星は、水素の吸収線が見られないⅠ型と、見られるⅡ型に分類される。Ⅰ型はさらに、ケイ素の吸収線が見られるⅠa型、ケイ素の吸収線が見られず、ヘリウムの吸収線が見られるⅠb型、ケイ素の吸収線もヘリウムの吸収線も見られないⅠc型に分類される。したがって③が正答となる。

第14回正答率41.4%

③ 水素の吸収線が見られないが、ケイ素の吸収線は見られた

超新星のスペクトルに水素の吸収線が見られないのがⅠ型で、見られるのがⅡ型である。Ⅰa型はケイ素の吸収線が見られ、連星系の白色矮星における爆発で中心部に何も残さないと考えられている。ケイ素の吸収線が見られないが、ヘリウムの吸収線が見られるのがⅠb型で、いずれの吸収線も見られないのがⅠc型である。なおⅠb型やⅠc型は、中心部に中性子星またはブラックホールが残ると考えられている。したがって③が正答となる。

第13回正答率30.0%

②

主系列星は水素がヘリウムに変わる核融合反応で輝いており、中心部にヘリウムコアが形成されるので、②が正答となる。①は原始星、③と④は赤色巨星の段階である。

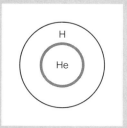

第15回正答率70.2%

Q 14 次のうち、赤色巨星はどれか。

① おおいぬ座のシリウス

② こいぬ座のプロキオン

③ オリオン座のベテルギウス

④ オリオン座のリゲル

Q 15 図は、4つの散開星団の色-等級図である。この中で最も古い星団はどれか。

①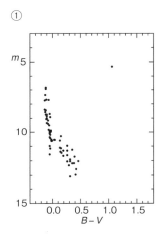

②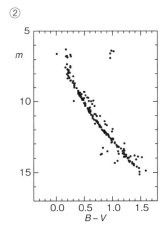

③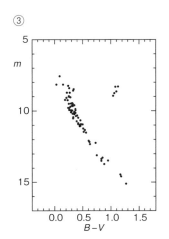

④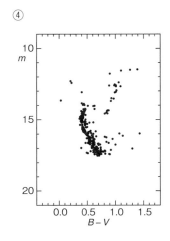

Q16 太陽の質量の0.3倍の原始星がある。この原始星はどのように進化するか。

① 原始星→褐色矮星

② 原始星→主系列星→白色矮星

③ 原始星→主系列星→赤色巨星→白色矮星

④ 原始星→主系列星→赤色巨星→超新星爆発

Q17 HR図上での星の進化経路のうち、ヘニエイトラックを含むものはどれか。細い実線は進化形路、矢印は進化の方向、太いグレーの実線は主系列を表す。

①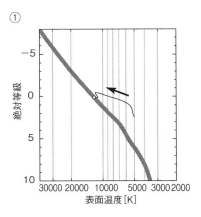

②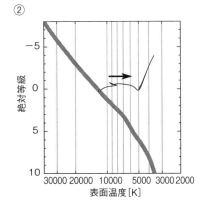

③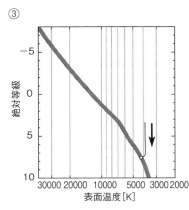

④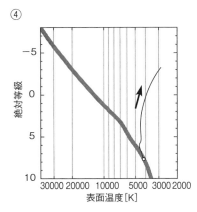

③ **オリオン座のベテルギウス**

赤色巨星とは、主系列星の時期が終わった後、星が膨張して表面温度が下がり、赤く光るようになったものである。オリオン座のベテルギウスやさそり座のアンタレスは、特に大きいので赤色超巨星とも呼ばれる。おおいぬ座のシリウスやこいぬ座のプロキオンは主系列星である。オリオン座のリゲルは青色超巨星で、HR図上では主系列星の左上のさらに上に位置する。

第16回正答率91.1%

④

星団は、ほぼ同時に生まれた恒星の集団であり、さまざまな質量の恒星を含んでいる。星団が生まれたときは、すべての恒星が主系列星にあるが、質量の大きな恒星ほど早く主系列星から赤色巨星へ進化していく。質量の大きな恒星は高温で明るいため、主系列星の左上の方から順に主系列星から離れていく。高温の恒星ほど色指数が小さいので、主系列星の左端（転向点という）の色指数の小さい星団ほど若い星団となる。転向点の色指数のおおよその値を見ると、①は−0.2、②は0.2、③は0.1、④は0.4くらいになっている。したがって④が最も古い星団であることがわかる。

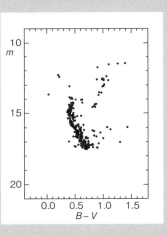

A16 ② 原始星→主系列星→白色矮星

①は質量が太陽の0.08倍より小さい原始星、②は0.08〜0.46倍の原始星、③は0.46〜8倍の原始星、④は8倍以上の原始星の進化を表す。したがって②が正答となる。

第14回正答率54.4%

A17 ①

質量が太陽より数倍大きい原始星は、主系列星になるときHR図上を左上方に進んでから主系列星になる。この左上方に進む経路のことをヘニエイトラックと呼ぶ。したがって①が正答となる。なお、太陽より質量が小さな原始星は、HR図上を③のようにほぼ真下に移動して主系列星となる。この経路は林トラックと呼ばれる。②と④は、それぞれ①と③の経路で生まれた主系列星が、赤色巨星に進化するときの経路である。

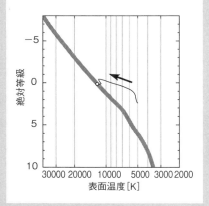

第15回正答率43.2%

Q18 図は、さまざまな質量の星の進化経路を、主系列星まで（左図）と主系列星から（右図）に分けてHR図上に描いたものである。斜めの太い実線は主系列星を表し、その下の数値は太陽を1としたときの星の質量を表す。図中の太い矢印は、その近辺の星の進化の方向を表す。林トラック（林の経路）にあたる部分はどれか。

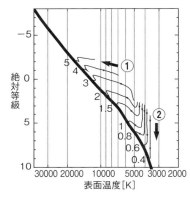
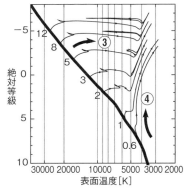

Q19 中性子星に関する記述のうち、間違っているのはどれか。

① 中性子星は、重力崩壊型超新星爆発によってつくられる
② こと座の環状星雲M 57の中心には中性子星が存在する
③ パルサーは、高速で自転している中性子星である
④ 中性子星同士の合体によって、金やウランといった重い元素がつくられる

Q20 ペルセウス座の変光星アルゴル（β Per）の主星（明るい方）は主系列星で、伴星（暗い方）はスペクトル型K型の準巨星である。変光星アルゴルに関する記述で、間違っているものはどれか。

① 変光は恒星が互いに相手を隠し合う食によって生じる
② アルゴルパラドックスと呼ばれる現象がみられる
③ 伴星は、主系列星から赤色巨星に進化している段階であると考えられる
④ 主系列星である主星は、赤色巨星に進化しつつある伴星より質量が小さい

Q 21

4つのセファイド型変光星の変光の様子を、縦軸に見かけの等級を、横軸に時間（日単位）をとってグラフに示した。地球からの距離が最も近いと考えられるのはどの星か。なお、星間減光量は全て同じであるとする。

①

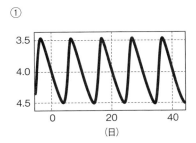

②

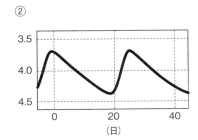

③

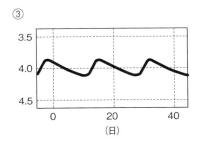

④

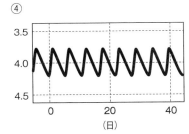

Q 22

図は、セファイド型変光星の周期光度関係を表す。変光周期が8日のセファイド型変光星の光度は、太陽のおよそ何倍か。太陽の絶対等級は5等級とする。

① 400倍
② 1000倍
③ 4000倍
④ 10000倍

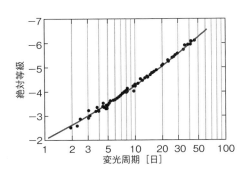

②

林トラックは、質量の軽いガス球が収縮して主系列星に至るとき、表面温度がほぼ一定のまま（HR図上ではほぼ真下に）移動する経路で、図中の②の部分にあたる。

第14回正答率84.0%

 ② こと座の環状星雲 M 57 の中心には中性子星が存在する

こと座の環状星雲 M 57 は惑星状星雲の1つで、その中心に存在するのは白色矮星である。中心星は、主系列星の頃は太陽の質量と同程度か、大きくても8倍以下の星だったと考えられる。他は正しい記述である。

第16回正答率40.5%

 ④ 主系列星である主星は、赤色巨星に進化しつつある伴星より質量が小さい

一般には、質量の大きな星が早く主系列星を離れて巨星へ進化していくが、近接連星の場合、単独星とは違った進化の形態をたどることがある。アルゴルの主星の質量は太陽のおよそ3倍、伴星の質量は太陽のおよそ0.7倍であり、④が間違いで正答となる。伴星は準巨星なので、すでに主系列を離れて巨星に進化している段階であるが、主系列星である主星よりも質量が小さい。したがって、質量の小さな恒星の方が早く主系列星から巨星に進化を始めているということになる。この進化の順序の逆転現象を「アルゴルパラドックス」という。これは、当初、質量が大きかった現在の伴星が、主系列星から赤色巨星への進化の段階で大きく膨張し、その外層の一部が現在の主星に流れ込み、質量の逆転が起きたと考えられている。

第14回正答率49.6%

④

セファイド型変光星には光度周期関係が知られ
ており、変光周期の長いものほど絶対等級が小
さい（明るい）。いずれも見かけの等級の平均
値が同じなので、絶対等級が最も大きい（暗い）
ものが最も距離が近い。選択肢の中では変光周
期が最も短い④の星が最も近いことになる。

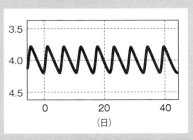

③ 4000 倍

変光周期が8日のセファイドの絶対等級はおよそ−4等級である。したがって、太陽より
9等級明るい。5等級明るいと、光度は100倍明るくなるので、10等級明るければ、光度
は1万倍明るくなる。実際は9等級なので、1万倍の明るさのおよそ2.5分の1の明るさに
なる。したがって、10000/2.5＝4000となり、③が正答となる。

EXERCISE BOOK FOR ASTRONOMY-SPACE TEST

6章

天の川銀河は
何からできているのか？

Q1 HＩ雲についての記述のうち、正しいものはどれか。

① 星の光を塵が散乱して青白く光る星雲

② 太陽のコロナのような、高温で希薄な星間ガス

③ 紫外線を多く出す高温の星の近くにあり、656.3 nmの輝線を出す星雲

④ 波長21 cmの電波輝線を出す星間雲

Q2 水素の状態を表す記号のうち、HＩとHⅡはどの状態の水素を表すか。

① HＩ：重水素　　　　HⅡ：水素分子

② HＩ：重水素　　　　HⅡ：電離水素

③ HＩ：中性水素　　　HⅡ：水素分子

④ HＩ：中性水素　　　HⅡ：電離水素

Q3 次のうち1つだけ、異なった現象を表す用語が含まれている。それはどれか。

① 輝線星雲

② 反射星雲

③ HⅡ領域

④ 電離水素領域

Q4 次の文はどの星雲を説明したものか。
「星からの紫外線によって電離したガスが、赤く発光している。」

① 反射星雲

② ＨⅠ雲

③ 暗黒星雲

④ 輝線星雲

Q5 惑星状星雲などのスペクトル中に見つかった未知の輝線は、発見された当時、未知の元素ネビュリウムによると考えられていた。後にどのような理由による輝線であるとわかったか。

① 星雲中の水素が周囲の空間より多いため

② 星雲の温度が10万度を超えるため

③ 星雲の密度が地上の空気の密度よりも極めて小さいため

④ 地上には存在しない原子が、星雲中に大量に存在するため

Q6 次の文の【 ア 】、【 イ 】に当てはまる語句の組み合わせとして正しいものはどれか。
「中性水素原子の放射する波長21cmの輝線は、星間ガスや星間塵による吸収・散乱を【 ア 】ため、【 イ 】を推定することができる。」

① ア：受けやすい　　イ：天の川銀河の構造

② ア：受けやすい　　イ：恒星の進化

③ ア：受けにくい　　イ：天の川銀河の構造

④ ア：受けにくい　　イ：恒星の進化

④ 波長 21 cm の電波輝線を出す星間雲

①は反射星雲、②は銀河コロナ、③は輝線星雲である。

HⅠ雲では、水素は中性であり、波長21 cmの電波を出す性質がある。この電波は禁制線（中性水素の吸収をほとんど受けない輝線）のため、遠方のHⅠ雲の情報を得ることができ、天の川銀河の渦巻構造が明らかになった。 第16回正答率49.4%

 ④ HⅠ：中性水素　　HⅡ：電離水素

天文学では、元素記号の後ろにローマ数字をつけた記号をよく用いる。これは元素の電離状態を表し、Ⅰは中性（電離していない状態）、Ⅱは1階電離（電子が1つ電離している状態）、Ⅲは2階電離（電子が2つ電離している状態）、Ⅳは3階電離（電子が3つ電離している状態）……を表す。水素の場合、電子は1個のみなので、HⅠ（中性水素）とHⅡ（1階電離、H^+とも表す）の2つの状態のみである。鉄は26個の電子をもつため、たとえばFeXXV（24階電離している状態）という場合もある。なお、重水素は原子核が陽子と中性子からなる水素で、^2HまたはDと表される。また、水素分子は水素が2個結合したもので、H_2と表される。 第11回正答率55.9%

 ② 反射星雲

輝線星雲は、電離した水素や他の元素から放射される輝線で輝いている星雲であり、一般に赤く輝く。輝線星雲は、宇宙で最も多い元素である水素を代表元素として、電離水素領域や、水素が電離していることを表す記号HⅡを使ってHⅡ領域と呼ぶこともある。他方、反射星雲は、星雲中のダストがその近辺や背後の星からの光を反射、散乱させて輝く星雲で、一般に青く輝く。したがって②が正答となる。 第14回正答率54.6%

④ 輝線星雲

輝線星雲は、高温の恒星の紫外線によって星雲中の水素ガスが電離し、赤く発光している星雲である。なお、惑星状星雲や恒星（たとえば太陽）表面近くでも、同様に電離した水素ガスが赤く発光している領域がある。 第15回正答率71.9%

③ 星雲の密度が地上の空気の密度よりも極めて小さいため

星雲のスペクトルの中から発見されたネビュリウムによると考えられた輝線はその当時、既知の元素からの輝線では説明できなかった。しかし、後に非常に密度が低く希薄な状態にある電離した酸素によるものである（禁制線と呼ばれる）ことが証明された。したがって正答は③となる。 第13回正答率25.3%

③ ア：受けにくい　　イ：天の川銀河の構造

波長の長い21 cm線は、天の川銀河のあらゆる場所から放射され、星間ガスや星間塵の吸収・散乱を受けにくいため、その強弱を調べることで、天の川銀河の渦巻構造を推定することができる。天文学の研究に不可欠な重要な輝線である。

6章 天の川銀河は何からできているのか？

Q7　次の4種類の天体のうち、最も温度の低いものはどれか。

① 惑星状星雲

② HⅠ雲

③ 暗黒星雲

④ 輝線星雲

Q8　次の写真のうち、惑星状星雲ではないものを選べ。

①

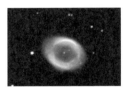

© 兵庫県立大学西はりま天文台

②

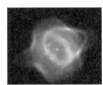

©NASA

③

© 東京大学木曽観測所

④

©Hubble Legacy Archive, ESA, NASA

Q9　太陽と同程度の質量の恒星は、星の終焉にはどのような星雲を形成するか。

① 暗黒星雲

② 輝線星雲

③ 反射星雲

④ 惑星状星雲

次のうち、星団が恒星進化の実験室といわれる理由にならないものはどれか。

① 星団の星々の年齢は、ほぼ同じだと考えられる
② 星団の星々までの地球からの距離は、どの星でもほぼ等しいと考えられる
③ 星団の星々の質量は、それぞれ異なっていると考えられる
④ 星団には、散開星団と球状星団の2種類がある

球状星団や散開星団の特徴についての記述で、間違っているものはどれか。

① 球状星団は、質量の小さな年老いた星から成る
② 散開星団は、質量の大きな若い星も含んでいる
③ 球状星団は、天の川銀河のハローの部分によく見られる
④ 散開星団は、天の川銀河の中心部分に集中して見られる

③ 暗黒星雲

典型的な暗黒星雲の温度は10～30 K程度である。暗黒星雲は星の誕生の場として知られている。
なお、①の惑星状星雲の温度は1万K以上、②のHI雲は中性水素のガス雲で、温度は100 K～1万K程度、④の輝線星雲はHII領域とも呼ばれ、温度は1万K程度である

第16回正答率77.9%

③

③はオリオン座の馬頭星雲で、オリオン座の三ツ星の東端にある暗黒星雲である。馬の頭に似た形は、輝線星雲を背景にして、濃い分子雲中のダストが背景の光を吸収して黒く浮かび上がって見えるものである。なお、①はこと座の環状星雲

©東京大学木曽観測所

M 57、②はさいだん座のアカエイ星雲Hen 3-1357、④はわし座のNGC 6751で、いずれも惑星状星雲である。

第13回正答率75.7%

④ 惑星状星雲

太陽の質量の0.46～8倍の恒星は、赤色巨星に進化した後、その外層を静かに宇宙空間に放出して惑星状星雲を形成する。惑星状星雲の中心には白色矮星が残る。したがって、太陽と同程度の質量の恒星は、最後は白色矮星となる。

第16回正答率89.0%

④ 星団には、散開星団と球状星団の 2 種類がある

星団は、同じ星間ガスから、ほぼ同時に生まれた星々の集まりである。したがってほぼ同じ年齢の星々と考えてよい。星団中の星々はそれぞれ生まれたときの質量が異なり、さまざまな質量の恒星の集まりである。恒星の進化は、生まれたときの質量で決まるので、星団内の恒星では、同じ年齢の恒星の進化の違いが見られるはずである。星団の大きさが地球から星団までの距離にくらべると十分に小さいため、星団の星々までの地球からの距離はほぼ等しいと見なすことができる。このことは、星団内の星々の見かけの等級の違いが、その星々の絶対等級（または光度）の違いを表す。したがって星団の色ー等級図を作成すれば、主系列星、主系列から赤色巨星に進化しつつある星、赤色巨星に進化した星などが明らかになり、星の進化の様子を調べることができる。また、異なる星団同士を比較することで、年齢による進化の様子の違いも調べることができる。①、②、③はこれらのことを考慮するための重要な条件であり、恒星進化の実験室といわれる理由となっている。④も正しい記述ではあるが、恒星進化の実験室としての役割は果たしていないので、これが正答となる。

第15回正答率40.9%

④ 散開星団は、天の川銀河の中心部分に集中して見られる

散開星団は天の川銀河の円盤部分で広く誕生している。そのため、天の川の中に数多く観測される。天の川では光の吸収を受けやすいため、観測される散開星団の大部分は1キロパーセク以内の距離にある。

一方、球状星団は、銀河全体を包み込むように球状に分布し、多くはハロー部分に分布する、距離はほとんどが数キロパーセクより遠くにある。多くは天の川から離れた位置にあり、光の吸収を受けにくいことや星の数が多いことから、遠くても観測できる。

球状星団はおよそ100億年前、天の川銀河ができた頃に生まれた星の集団で、質量の大きな星はすでに超新星爆発を起こしてなくなっている。現在は太陽質量程度の星が赤色巨星に進化している段階である。散開星団の多くは年齢が若く、質量の大きな若い星も含んでいるものが多い。

第14回正答率60.2%

Q12 写真の天体の星の数はどれぐらいか。

① 数百個
② 数十万個
③ 数千万個
④ 数億個

©兵庫県立大学西はりま天文台

Q13 散開星団、球状星団などのHR図からはさまざまなことがわかるが、HR図からは求められないものを選べ。

① 星団の天の川銀河における位置
② 星団の進化段階
③ 星団の距離
④ 星団中の星の数と質量

Q14 散開星団の天球での分布はどれか。図は、モルワイデ図法で世界地図のように展開している。楕円の中心は天の川銀河の中心方向で、楕円の長径は天の川に沿った方向にある。

①

②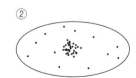

③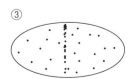

④

Q15 天の川銀河の球状星団の重元素量は太陽と比較してどの程度と見積もられているか。

① 1/2倍から1/10倍
② 1/100倍から1/1000倍
③ 2倍から10倍
④ 100倍から1000倍

Q16 次の天体の中で、水素からヘリウムを合成して安定して輝いているB型星の割合が最も少ないと考えられるものはどれか。

① 星落（アソシエーション）
② おうし座のプレアデス星団
③ りょうけん座のM3
④ ペルセウス座の二重星団

Q17 この天の川銀河の渦巻模様は、数億年後どうなると考えられるか。

① きつく巻き込む
② ほどける
③ 模様がなくなる
④ 変わらない

©NASA

② 数十万個

写真は球状星団M 3で、球状星団の星の数は、数十万個（$10^4 \sim 10^6$）程度である。若い星の集団である散開星団は数十から数百個ぐらいである。矮小銀河では、数千万個とか数億個のものもある。　第14回正答率46.6%

 ① 星団の天の川銀河における位置

星団のHR図からは、進化段階（年齢）や、距離、星の質量などが求められるが、天の川銀河内の位置とHR図とは直接関係しないので①が正答となる。ただし、天球上における分布から、散開星団は天の川銀河の円盤部に分布し、球状星団はハロー領域に分布すると考えられている。

 ①

散開星団は、天の川銀河の銀河円盤と呼ばれる部分に存在するため、天球分布は天の川に沿って分布する。②は球状星団の分布で、天の川銀河の中心部に集中し、ハローの部分にも見られる。③、④はダミーである。

第16回正答率82.8%

② 1/100 倍から 1/1000 倍

天の川銀河にある球状星団の重元素量はばらつきはあるが、一般的に太陽と比較して1/100から1/1000倍程度と少ない。 第13回正答率44.3%

③ りょうけん座のＭ３

水素からヘリウムを合成して安定して輝いているＢ型星は、高温の主系列星で若い星である。また、寿命が短いため、若い散開星団や、星団ほど星が密集していないが、生まれたばかりの星の集まりである星落（アソシエーション）などに含まれる。これに対して、球状星団は老齢の星の集まりであり、通常、Ｂ型星のような若い星は含まれない。りょうけん座のＭ３は、代表的な球状星団の一つである。 第16回正答率25.6%

④ 変わらない

天の川銀河の回転速度は、中心付近から遠方までほぼ一定である。ということは、中心付近の角速度は大きく、遠いほど小さくなり渦巻模様はきつく巻き込むように考えられる。しかし、実際は、多くの銀河でそのようにはなっていないことから、将来もあまり変わらないと考えられている。これを説明するには、渦巻模様の移動速度が、天体の移動速度ではないと考える必要がある。たとえば、天体の「渋滞している場所」（これが渦巻腕に対応する）が、移動していると考えるのである。この場合は、「渋滞している場所」の速度と天体の移動速度は違っていてかまわないのである。 第4回正答率65.2%

Q 18

天の川銀河の回転曲線はどれか。ただし、横軸は天の川銀河中心からの距離［キロパーセク］、縦軸は回転速度［km/s］を表している。

①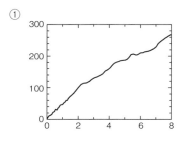

②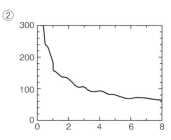

③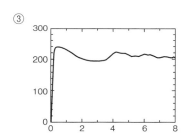

④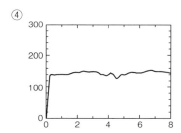

Q 19

太陽系が天の川銀河を一周する時間はどれくらいか。

① 約20万年

② 約200万年

③ 約2000万年

④ 約2億年

Q20 次のうち、天の川銀河の中心が太陽系でないことが初めて示された際の根拠となったのはどれか。

① 球状星団の分布
② 散開星団の分布
③ 超新星残骸の分布
④ 天の川銀河の銀河回転速度の分布

Q21 宇宙背景放射についての説明で、間違っているものはどれか。

① 宇宙がビッグバンによって誕生したことの証拠となった
② 宇宙の晴れ上がりの時代の放射である
③ 1964年にアーノ・ペンジアスとロバート・ウッドロウ・ウィルソンによって偶然発見された
④ 宇宙背景放射は、1 K以上の大きな不均一性がある

Q22 画像はプランク衛星による宇宙背景放射のゆらぎの全天マップだが、画像の中心はどの方向になるか。

① 天の北極
② 春分点
③ 天の川銀河の中心
④ 天の赤道の原点方向

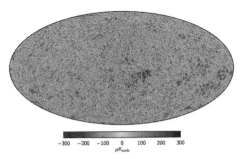

©Planck Collaboration et al. 2016, AA 594,1

③

天の川銀河の場合、星やガスが中心付近にかなりの
質量が集中している。そのため、太陽系と同様に中
心から離れている場所では回転速度が遅くなっても
よさそうだが、実際にはそうはなっていない。この
ことから、光や電波では見えない重力を及ぼす物質
（ダークマター・暗黒物質）があるのではないかと考
えられているが、正体は不明である。なお、太陽の

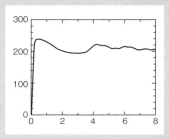

銀河回転速度はおよそ200 km/s（現在、220 km/sとされている）であり、③と④のう
ち、縦軸の数値から、③が正答であることがわかる。 第16回正答率49.2%

 ④ 約2億年

太陽系は約220 km/秒で天の川銀河の中心から約2.8万光年のところを円運動している。
したがって1周する時間を t とすると、

$t = 2\pi \times 2.8$ 万光年 $\div 220$ km/s

$= 2\pi \times 2.8 \times 10^4 \times 9.5 \times 10^{15}$ m $\div 2.2 \times 10^5$ m/s

$\fallingdotseq 7.6 \times 10^{15}$ s $\fallingdotseq 7.6 \times 10^{15} \div 3.2 \times 10^7$ 年 $\fallingdotseq 2.4$ 億年

となり、④の約2億年が正答となる。

108

① 球状星団の分布

球状星団の空間分布から、ハーロー・シャプレーは太陽系が天の川銀河の中心には位置しないことを20世紀前半に示した。天の川銀河の回転曲線（中心からの距離に対する回転速度の分布）から示されたのは、例えばダークマターの存在である。

第10回正答率25.9%

④ 宇宙背景放射は、1 K以上の大きな不均一性がある

宇宙背景放射は、アメリカのベル電話研究所のアーノ・ペンジアスとロバート・ウッドロウ・ウィルソンによって雑音電波の調査中に偶然発見された。これは宇宙の晴れ上がりの時期の光が、宇宙膨張によって波長が電波領域まで伸びたものである。この発見はビッグバン理論の証拠となり、対立していた定常宇宙論などは衰退していった。宇宙背景放射は10^{-5} K程度の温度の微小なゆらぎが観測されているが、ほぼ均一である。

第15回正答率72.3%

③ 天の川銀河の中心

プランク衛星に限らず、全天を楕円形に投影したこの種の全天マップでは、天の川を基準とすることが多く、楕円形の中心が天の川銀河の中心方向になる。また中心を通る横軸が天の川となり、楕円の左右両端が繋がっており、この方向が天の川銀河の中心方向とは反対方向になる。

第14回正答率67.8%

7章

EXERCISE BOOK FOR ASTRONOMY-SPACE TEST

銀河の世界

活動銀河ではない通常の銀河の構成要素についての記述のうち、間違っているものはどれか。

① 銀河の中心には巨大ブラックホールが存在し、銀河全体と同じくらいの明るさで輝いているものがほとんどである
② 星以外にも、主に水素でできた希薄な星間ガスが存在する
③ 星間空間には、さまざまな電磁波や宇宙線が飛び交っている
④ ダークマターが存在し、重力を及ぼし、銀河を1つの天体としてまとめることに寄与している銀河も存在する

 天体カタログにはさまざまな略号が用いられ、略号と数字で天体を区別することが多い。次の天体カタログの記号で、銀河には用いない略号はどれか。

① HD
② NGC
③ IC
④ M

 次の銀河の形態を表す記号のうち、棒渦巻銀河であるものはどれか。

① SA0
② E7
③ SAc
④ SBb

Q4　Eという記号で表される銀河はどれか。

① 渦巻銀河
② 棒渦巻銀河
③ 楕円銀河
④ 不規則銀河

Q5　次の写真の銀河のタイプとして適当なものはどれか。

① 楕円銀河
② 矮小銀河
③ 渦巻銀河
④ 不規則銀河

©NASA

Q6　活動銀河に関する記述のうち、間違っているものはどれか。

① 中心に星が活発に生成されている場所や超巨大ブラックホールがある
② セイファート銀河は、活動銀河の一種である
③ クェーサーは、活動銀河の一種である
④ 活動銀河は、強いX線は放射するが、電波の放射はごく弱い

① 銀河の中心には巨大ブラックホールが存在し、銀河全体と同じくらいの明るさで輝いているものがほとんどである

銀河には星以外にも希薄な星間ガスが存在し、さまざまな電磁波や宇宙線が飛び交っている。また、渦巻銀河の多くは、銀河の回転速度がかなり外側までほとんど一定の速度で回転しており、銀河全体を取り囲むようにダークマターが存在していると考えられている。これらのことから②、③、④は正しい記述である。それに対し、ほとんどの銀河の中心には、巨大ブラックホールが存在する。ブラックホールに物質が大量に落ち込んでいる場合、ブラックホールは銀河全体と同じくらいの明るさで輝き、そのような銀河は活動銀河に分類される。しかし、多くの銀河の中心のブラックホールは、そこまで明るく輝いてはいない。したがって①が正答となる。

 ① HD

HDは『ヘンリー・ドレーパーカタログ（Henry Draper Catalogue）』という星表に掲載された恒星に用いられる略号。NGCは、ジョン・ハーシェルが作った天体カタログ『ジェネラルカタログ（General Catalogue）』にジョン・ドレイヤーが追補して作成した『ニュージェネラルカタログ（New General Catalogue）』に掲載された恒星以外の天体（星雲、星団、銀河）に用いられる略号。ICは、『ニュージェネラルカタログ』を補足するものとして作成された『インデックスカタログ（Index Catalogue）』に掲載された恒星以外の天体に用いられる略号。Mは、シャルル・メシエが彗星と紛らわしい星雲や星団、銀河をリストアップした『メシエカタログ（Messier catalog）』に掲載された天体に用いられる略号。

 ④ SBb

①はレンズ状銀河、②は楕円銀河、③は渦巻銀河を表している。なお、渦巻銀河は、Aを入れずに、単にScなどと表すこともある。 第16回正答率80.5%

③ 楕円銀河

渦巻銀河はSpiralのS（SAと表すこともある）、棒渦巻銀河はBarred SpiralのSB、楕円銀河はEllipticalのE、不規則銀河はIrregularのIrrという記号で表される。この他、レンズ状銀河にはSOという記号があてられる。 第14回正答率81.4%

③ 渦巻銀河

写真はおおぐま座にあるM 81（NGC 3031）である。発達した円盤部と、その両端から伸びる渦巻腕が見えることから渦巻銀河と判断できる。 第13回正答率93.2%

④ 活動銀河は、強い X 線は放射するが、電波の放射はごく弱い

活動銀河とは、標準的な銀河に比べ、銀河中心部分が非常に明るい銀河のことをいう。セイファート銀河やクェーサーは活動銀河であり、活発な星形成領域や超巨大ブラックホールがあると考えられる。活動銀河は、しばしば強いX線や電波も放射しているので、④が間違い。 第16回正答率67.8%

Q7 天の川銀河は、どのグループに属しているか。

① M 81 銀河群

② かみのけ座銀河団

③ M 66 銀河群

④ 局部銀河群

Q8 銀河群と銀河団についての記述のうち、間違っているものはどれか。

① おおぐま座の方向に、M 81、M 82 を中心とした銀河群がある

② しし座の方向には、M 65 や M 66 を中心とした銀河群がある

③ かじき座の方向には、大マゼラン雲や小マゼラン雲を中心とした銀河群がある

④ おとめ座の方向には、M 87 を中心とした銀河団がある

Q9 次の図はスローン・デジタル・スカイ・サーベイによる宇宙の大規模構造を示す銀河の分布図である。天の川銀河は図中のどこに位置するか。

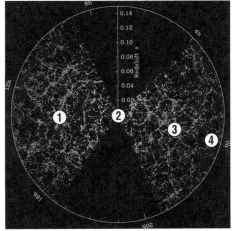

©SDSS

Q 10 エドウィン・パウエル・ハッブルと、ハッブル - ルメートルの法則について述べた文のうち、間違っているものはどれか。

① ハッブルは銀河の形態を、音叉型分類としてまとめた
② ハッブルはクェーサーまでの距離と後退速度を測定し、ハッブル - ルメートルの法則を示した
③ ハッブル - ルメートルの法則で使われた後退速度は、赤方偏移を用いて測定された
④ ハッブル - ルメートルの法則で使われた距離は、セファイド型変光星を用いて測定された

Q 11 図1のような位置関係にある銀河Aと銀河Bのスペクトルを観測したところ、同じ吸収線が図2のように観測された。もし銀河Aから同じ吸収線を観測するとどうなるか。

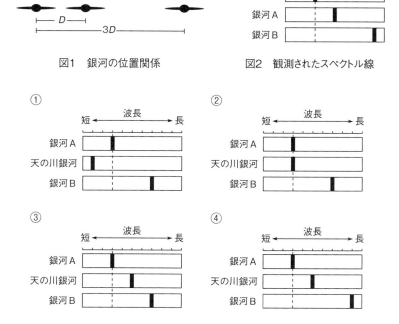

④ 局部銀河群

銀河は群れをつくって網の目状態に広がっている。天の川銀河はアンドロメダ銀河ととも
に、局部銀河群と呼ばれる銀河の群れの中にいる。局部銀河群の近傍の銀河団はおとめ座
銀河団である。さらに、局部銀河群はおとめ座超銀河団に属している。

第14回正答率78.4%

③ かじき座の方向には、大マゼラン雲や小マゼラン雲を中心とした銀河
群がある

大マゼラン雲と小マゼラン雲は、天の川銀河やM 31（アンドロメダ銀河）を中心とした
局部銀河群に含まれている。 第15回正答率68.3%

②

この図の中心が天の川銀河であり、半径方向は天の川銀河からの距離を表している。円周
のところで約20億光年となる。なお、図中の上下に銀河がまったく存在しないように見
える黒い領域があるが、これは天の川の方向に相当する。銀河が存在しないのではなく、
天の川の星間物質の吸収にさえぎられて遠くまで見通すことが難しいため、観測が行われ
ていないためである。

② ハッブルはクェーサーまでの距離と後退速度を測定し、ハッブル・ルメートルの法則を示した

クェーサーは非常に遠方にある、中心部が非常に明るい銀河である。観測が始まったのは1950年代、クェーサーまでの距離が測定できたのは1960年代である。ハッブルの時代に距離を測定するのは難しかった。 第14回正答率38.6%

③

ハッブル・ルメートルの法則により、全ての銀河は距離に比例した速度で遠ざかっている。銀河Aから見れば、天の川銀河までの距離はD、銀河Bまでの距離は$2D$となる。したがって天の川銀河のスペクトルは、銀河Aのスペクトルから波長の長い方に2目盛り分ずれ、銀河Bのスペクトルは波長の長い方に4目盛り分ずれる。そのため③が正答となる。 第15回正答率47.6%

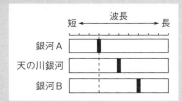

Q 12 宇宙膨張に関する説明のうち、間違っているものはどれか。

① ハッブル・ルメートルの法則は、宇宙が膨張していることを表している
② 銀河の後退速度は、距離に比例して大きくなっていく
③ 現在の宇宙膨張の速度は、加速していると考えられている
④ 宇宙膨張に伴い、銀河のサイズも宇宙膨張と同じ割合で大きくなっていく

Q 13 ハッブル定数は100万パーセクでの後退速度が約70 km/sであると見積もられている。ハッブル・ルメートルの法則を正しく表している直線はどれか。なお、100万パーセクは326万光年である。

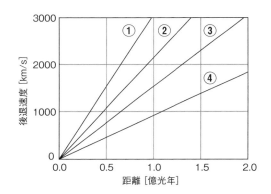

Q 14 宇宙の進化の順序について正しく並べたのはどれか。

① ビッグバン→宇宙の暗黒時代→宇宙の晴れ上がり→宇宙の加速膨張→銀河の形成
② ビッグバン→宇宙の晴れ上がり→宇宙の暗黒時代→宇宙の加速膨張→銀河の形成
③ ビッグバン→宇宙の晴れ上がり→宇宙の暗黒時代→銀河の形成→宇宙の加速膨張
④ ビッグバン→宇宙の暗黒時代→宇宙の晴れ上がり→銀河の形成→宇宙の加速膨張

電磁波では観測できないが、重力は働くので星や銀河の分布に影響を与えるものはどれか。

① 暗黒星雲
② ダークエネルギー
③ ダークマター
④ HⅠ雲

銀河の衝突に関する記述のうち、間違っているのはどれか。

① 天の川銀河は現在、他の銀河と衝突していない
② からす座にある銀河のNGC 4038とNGC 4039は衝突中である
③ うお座にある不規則銀河NGC 520は、銀河の衝突によって変形している銀河である
④ 銀河の衝突は恒星同士の衝突に比べて高頻度に起こる

銀河は衝突を繰り返しながら成長していくと考えられており、我々の住む天の川銀河も数十億年後にはアンドロメダ銀河と衝突すると予想されている。天の川銀河とアンドロメダ銀河が衝突した場合、太陽はどうなってしまうだろうか。最も可能性の高いものを選べ。

① アンドロメダ銀河の星と衝突し、太陽は粉々に砕け散る
② アンドロメダ銀河の星と合体し、太陽は今よりも重たい星となる
③ アンドロメダ銀河の星との衝突は起きないが、重力の影響で今とは違う場所に飛ばされる
④ アンドロメダ銀河の星は素通りしていくだけなので、今の状態と全く変わらない

④ 宇宙膨張に伴い、銀河のサイズも宇宙膨張と同じ割合で大きくなって いく

宇宙膨張は空間が拡大する現象であり、宇宙膨張によって銀河間の距離は大きくなってい く。しかし、銀河は星の重力で引き合っており、宇宙膨張によって空間が拡大しても、重 力のため銀河そのものが大きくなっていくことはない。したがって、銀河のサイズが宇宙 膨張と同じ割合で大きくなっていくという④の説明は誤りで、④が正答となる。なお、銀 河間の距離が大きくなっていくのは、銀河間に働く重力がとても小さいためである。①～ ③は正しい記述である。

第16回正答率81.0%

 ②

ハッブル定数は100万パーセクあたりの速度で与えられており、図の距離は億光年の単位 となっているので、単位を統一して比較する必要がある。100万パーセクは326万光年で あるから、0.0326億光年になる。つまり、0.0326億光年離れると70 km/s後退速度が 増える。後退速度はハッブル定数に比例するので、0.0326億光年の30倍の距離、すなわ ち0.0326×30～1億光年のときの後退速度は70×30＝2100 km/sになる。図を見る と、1億光年で2100 km/sに近いのは②の直線であり、②が正答となる。なお、①はH＝ 100 km/s/100万パーセク、③はH＝50 km/s/100万パーセク、④はH＝30 km/s/100 万パーセクのときの直線である。

第13回正答率58.7%

 ③ ビッグバン→宇宙の晴れ上がり→宇宙の暗黒時代→銀河の形成→宇 宙の加速膨張

宇宙の始まりの高温・高密度状態がビッグバンで、やがて宇宙は膨張によって冷えていき、 原子核と電子が結合すると、電気的に中性の原子になる。これにより光が直進できるよう になるのが宇宙の晴れ上がりである。この後初代の星が生まれるまでは光を発するものが ない、宇宙の暗黒時代となる。やがて星や銀河が誕生し、宇宙の膨張速度も少しずつ低下 したが、50億年ほど前から膨張速度が増加して現在に至っている（加速膨張）。

第15回正答率37.1%

③ ダークマター

暗黒星雲は、星が形成される領域でダストを多く含む濃いガス雲であり、背景の星の光を遮るため暗いシルエットになって見える星雲であるが、電波や赤外線で観測することができる。ダークエネルギーは、それが何であるかは不明だが、重力と反対の斥力の源となり宇宙膨張に影響を与えると考えられているものである。ダークマターは、電磁波では観測できないが重力は働くため、星や銀河の分布に影響を与えるものであり、③が正答となる。なお、ダークマターが何であるかはまだわかっていない。ＨＩ雲は星間空間に漂う中性水素（ＨＩ）からなるガス雲で、中性水素の21 cm線の電波輝線を放射するため、電波で観測することができる。 第13回正答率79.1%

 ① 天の川銀河は現在、他の銀河と衝突していない

天の川銀河は、現在もいくつかの矮小銀河と衝突、合体中である。なお、30億年後にはアンドロメダ銀河と衝突することがわかっている。その結果、合体してできる銀河には、ミルコメダ銀河（ミルキーウェイとアンドロメダを合体させた言葉）というニックネームがつけられている。 第16回正答率24.9%

 ③ アンドロメダ銀河の星との衝突は起きないが、重力の影響で今とは違う場所に飛ばされる

銀河内での星と星の間隔は星の直径に比べ非常に大きいので、銀河同士が衝突した場合でも、星同士の衝突はほとんど起きない。したがって①、②は誤り。一方で、衝突してきた銀河の星の重力の影響は受けるため、太陽の運動が乱される。その結果、現在とは違う場所に飛ばされていく可能性が高い。よって③が正答。

Q18　銀河の衝突は、星どうしの衝突より頻繁に起こっている。それはなぜか。

① 銀河の移動速度が星の速度より速いため
② 天体どうしの距離に対する天体の大きさが、銀河のほうが大きいため
③ 星どうしが接近すると、衝突せずに必ず連星を形成するため
④ 銀河のほうが観測しやすく、見かけ上そう見えるため

Q19　宇宙の初期に「宇宙の晴れ上がり」と呼ばれる現象が起きたと考えられているが、次のうち正しいのはどれか。

① インフレーションと呼ばれる宇宙の急膨張で空間が広がり見通しが良くなった
② 宇宙の暗黒時代の後、宇宙で最初の星が輝き始めて見通しが良くなった
③ 自由に飛び回っていた電子が原子核と結合して見通しが良くなった
④ 強く輝く星による紫外線で宇宙の再電離が起こることによって見通しが良くなった

Q20　ダークマターの説明として、間違っているものはどれか。

① ダークマターは、宇宙の約27％を支配している
② 通常の物質とは異なり、宇宙初期から大きく偏った分布をしており、それが銀河の種となった
③ 通常の物質とはほとんど相互作用しない、ある種の素粒子ではないかと考えられている
④ 電磁波を出さないため目には見えないが、銀河の形態の歪みなどを用いて間接的に測定できる

ダークマターの正体は2024年4月現在わかっていないが、ある種の素粒子ではないかと考えられている。これを検出するための実験装置として正しいものはどれか。

① ハッブル宇宙望遠鏡
② XENON1T
③ LIGO
④ ケプラー宇宙望遠鏡

アメリカのレーザー干渉計重力波天文台（LIGO）で史上初の重力波が検出された。この重力波を発生させたものはどれか。

① 超新星爆発
② ブラックホール同士の合体
③ ダークマター
④ ダークエネルギー

② 天体どうしの距離に対する天体の大きさが、銀河のほうが大きいため

星の衝突はめったに起こらないが、銀河はよく衝突する。この違いは、天体間の距離と天体自身の大きさとの比による。例えば、太陽から隣の恒星（ケンタウルス座α星）までは40兆km離れているが、太陽の直径は140万kmで桁違いである。一方で、天の川銀河の近くの銀河はアンドロメダ銀河で、250万光年であるのに対し、天の川銀河の直径は10万光年ほどなので1桁しか違わない。　　　　　　　　　　　第15回正答率80.7%

 ③ 自由に飛び回っていた電子が原子核と結合して見通しが良くなった

高温の宇宙では正の電荷をもつ原子核と、負の電荷をもつ電子はバラバラに飛び回っていたが、宇宙の温度が低下すると原子核と電子が結合し、光を散乱する自由電子がなくなって、光が直進できるようになった。これを宇宙の晴れ上がりと呼ぶ。

 ② 通常の物質とは異なり、宇宙初期から大きく偏った分布をしており、それが銀河の種となった

ダークマターは、宇宙のエネルギー密度の約27%をしめている。私たちが知る通常の物質とほとんど相互作用しない、未知の素粒子がダークマターの正体ではないかと考えられている。よって①と③は正しい。ダークマターは電磁波を出さないため目には見えない。しかしダークマターがつくり出す重力場を通過する背景天体（銀河など）のゆがみを用いて、間接的に観測することができる。よって④も正しい。

ダークマターであれ、私たちが知る通常の物質であれ、宇宙初期にはそれらがほぼ均等に分布していたと考えられている。ただしその中のごくわずかな分布の濃淡から、星や銀河の種となった。よって②は間違った記述であるため、正答は②である。

第11回正答率44.5%

② XENON1T

ハッブル宇宙望遠鏡による精密観測で、ダークマターの分布などが調べられている。ただし、ダークマターそのものの正体を調べる実験ということだとXMASS検出器やXENON1T測定器などである。LIGOは重力波検出器、ケプラー宇宙望遠鏡は系外惑星検出専用の望遠鏡である。

② ブラックホール同士の合体

重力波は、巨大質量をもつ天体が光速に近い速さで運動するときに発生する。例えば、ブラックホール、中性子星、白色矮星などが連星系を形成すると、重力波によってエネルギーを放出することで最終的に合体すると考えられている。

初めて検出された重力波（GW150914）は、太陽質量の約35倍と約30倍のブラックホール同士が合体して、太陽質量の約62倍のブラックホールが生成されたときに放出された重力波であることがわかった。このとき、太陽の約3倍の質量が失われているが、失われた質量がエネルギーに変換され、そのエネルギーが重力波になって放出されたのである。ちなみに、LIGOは3000 km離れた2つの施設に、1辺4 kmのL字型真空システムを設置するなど大掛かりなものである。 第16回正答率81.7%

8 章

天文学の歴史

Q1

次の文は、どの暦を説明したものか。
「1太陽年を12カ月とし、4年間に1回、閏日を設ける。閏月は使わない。現行の暦の原点となるもの。」

① メトンによる暦
② ヒッパルコスによる暦
③ ユリウス・カエサルによる暦（ユリウス暦）
④ グレゴリウス13世による暦（グレゴリオ暦）

Q2

次のうち、4つの天体が発見された順に正しく並んでいるのはどれか。

① ケレス－天王星－海王星－冥王星
② 天王星－ケレス－海王星－冥王星
③ 天王星－海王星－ケレス－冥王星
④ 天王星－海王星－冥王星－ケレス

Q3

次のうち最も新しい出来事はどれか。

① 天保改暦が行われた
② 天王星が発見された
③ 年周視差が検出された
④ 貞享改暦が行われた

Q4

地球が公転することを最初に発表したとされる書物はどれか。

① 『星界の報告』（ガリレオ・ガリレイ）
② 『天球回転論』（ニコラウス・コペルニクス）
③ 『宇宙の神秘』（ヨハネス・ケプラー）
④ 『プリンキピア』（アイザック・ニュートン）

ティティウス・ボーデの法則の*n* = 1にあたる星はどれか。

① 水星
② 金星
③ 地球
④ ケレス

エドウィン・パウエル・ハッブルが宇宙膨張を発見した際、銀河の距離測定に用いた方法は何か。

① セファイド型変光星の光度
② 最大光度がほぼ一定であるタイプの超新星の光度
③ 三角測量
④ 分光視差

年周視差が起こるのはどのような理由からか。

① 地球の地軸が傾いているから
② 地球が公転しているから
③ 地球が歳差運動をしているから
④ 地球が自転しているから

次に挙げる天文学史上の発見のうち、写真技術が天文学に導入されることによって成し遂げられたものはどれか。

① 海王星の発見　　② 年周光行差の発見
③ パルサーの発見　④ 宇宙膨張の発見

③ ユリウス・カエサルによる暦（ユリウス暦）

どの暦も1太陽年を12カ月とすることは同じだが、メトンによる暦は19太陽年間に閏月を7回置く太陰太陽暦であり、ヒッパルコスによる暦は304年間に112回の閏月を置く暦である。グレゴリオ暦は現在用いられている暦で、4年間に1回閏日を設ける閏年とするが、西暦が100で割り切れる年は平年とし、さらに400で割り切れる年は閏年とする。

第9回正答率39.2%

② 天王星ーケレスー海王星ー冥王星

天王星は1781年にウィリアム・ハーシェルによって発見された。ケレスは1801年にジュゼッペ・ピアッツィによって発見された。

海王星は1846年にユルバン・ルヴェリエが軌道計算して位置を予報し、ヨハン・ゴットフリート・ガレが発見した。また、それとは独立して、1845年にジョン・クーチ・アダムスも位置を予報していた。

冥王星は1930年にクライド・トンボーが発見した。

第16回正答率27.0%

① 天保改暦が行われた

①は1843年（渋川景佑）、②は1781年（ウィリアム・ハーシェル）、③は1838年（フリードリッヒ・ヴィルヘルム・ベッセル）、④は1684年（渋川春海）である。

②『天球回転論』（ニコラウス・コペルニクス）

ニコラウス・コペルニクスは、1543年発表の『天球回転論』にて、太陽中心説を初めて公にしたとされる。ただし、それは観測結果から導いた説ではない。ヨハネス・ケプラーはコペルニクスの仮説を支持し、1596年には『宇宙の神秘』を出版した。ガリレオ・ガリレイは、『星界の報告』（1610年）で金星を望遠鏡で観測した結果について記載している。その結果から地球が中心ではない地動説を支持するようになった。アイザック・ニュートンは1687年に力学書『プリンキピア』を出版した。

第13回正答率50.6%

③ 地球

ティティウス・ボーデの法則は、地球と太陽との距離を10としたとき、各惑星と太陽との距離を $r = 4 + 3 \times 2^n$ で表したものである。水星の距離は4で、nは$-\infty$、金星は7で$n = 0$、地球が$n = 1$である。ケレスは$n = 2$の火星と$n = 4$の木星の間の$n = 3$の場所に発見された。

第13回正答率52.3%

① セファイド型変光星の光度

1930年頃、銀河の距離測定に最もよく使われていた方法。②の測定法は、ハッブルの時代はまだ知られておらず、③や④は近傍星しか適用できない。

② 地球が公転しているから

ある点を見るとき、見る位置によって見える方向が変わるが、その方向が変わることを視差という。地球が太陽の周りを公転しているため、同じ恒星を観測すると、地球の位置が変わり、その恒星の見える方向が変化する。この変化は、1年周期で繰り返すため、年周視差と呼ばれる。したがって、②が正答となる。

なお、地球から見ると、年周視差によって、恒星は天球上を楕円の軌道を描くが、この楕円の大きさと形は、その恒星から地球の公転軌道を見た形と同じになる。

第16回正答率53.0%

④ 宇宙膨張の発見

①、②は写真技術が天文学に導入される以前の発見。③パルサーは電波観測から発見された。④写真撮影によって系外銀河にある変光星を発見したことにより、距離測定ができるようになったことと、スペクトル線の波長のズレを精密に測定できるようになったことで、宇宙膨張の発見が可能となった。

Q9 次の文章中の【ア】、【イ】に当てはまる数値と語の組み合わせとして正しいものはどれか。

「すべての恒星は、地球の公転運動によって長半径 a ＝約【ア】の楕円軌道を描く。これは【イ】と呼ばれ、地球が太陽の周りを公転している直接的な証拠の１つである。」

① ア：0.3″ イ：年周光行差
② ア：0.3″ イ：年周視差
③ ア：20″ イ：年周光行差
④ ア：20″ イ：年周視差

Q10 超新星の記述のある日記『明月記』を書いた人物は誰か。

① 賀茂忠行
② 安倍晴明
③ 藤原道長
④ 藤原定家

Q11 日本神話に出てくる天照大神が天の岩戸という洞窟に隠れて、高天原が真っ暗になるという話は、皆既日食であったという説がある。それを最初に唱えたのは誰か。

① 荻生徂徠
② 本居宣長
③ 賀茂真淵
④ 柿本人麻呂

Q12 次のうち、金環日食について述べたものはどれか。

① 『日本紀略』後編六、平安京での出来事

② 『枕草子』第155段、中宮定子と共に過ごした日の出来事

③ 『源平盛衰記』巻33、水島の合戦での出来事

④ 『明月記』寛喜二年十一月八日の条に記された出来事

Q13 次のA、B、Cの天体観測の記録はそれぞれ何を表しているか。正しい組み合わせを選べ。

A：「如＿墨色＿無レ光。群鳥飛亂。衆星盡見。」

B：「歳星之傍、有四小星」

C：「客星出觜參度、見東方、孛天關星、大如歳星」

① A：皆既日食　　　　B：超新星　　　　　C：木星とその衛星

② A：超新星　　　　　B：木星とその衛星　C：皆既日食

③ A：木星とその衛星　B：皆既日食　　　　C：超新星

④ A：皆既日食　　　　B：木星とその衛星　C：超新星

Q14 圭表（けいひょう）とは太陽の何をはかるための道具か。

① 南中時刻　　　　② 明るさ

③ 南中高度　　　　④ 赤経赤緯

Q15 江戸時代に安井算哲二世（やすいさんてつ）（渋川春海（しぶかわはるみ））が中国の授時暦（じゅじれき）を参考にして編纂した暦はどれか。

① 貞享暦（じょうきょうれき）　② 宝暦暦（ほうれきれき）

③ 寛政暦（かんせいれき）　　　④ 天保暦（てんぽうれき）

③ ア：20″　イ：年周光行差

光行差とは、観測者が運動している場合、観測者に到達する光の方向が、わずかに運動方向にずれる現象である。地球が太陽の周りを公転しているため、すべての星の方向は地球の公転運動に伴ってわずかに変化する。光の速度はおよそ30万km/s、地球の公転速度はおよそ30 km/sであり、地球の公転運動によって生じる光行差の大きさaはおよそ20″になる。光行差の軌跡は、黄道の極では半径aの円、黄道に近づくほど長半径aの細長い楕円となり、黄道上では長さ$2a$ の直線となる。

この年周光行差は1728年にジェームズ・ブラッドリーによって発見され、地球が公転しているという地動説が実証された。なお、地球が公転しているもう一つの証拠として年周視差がある。フリードリッヒ・ヴィルヘルム・ベッセルは、1838年に、はくちょう座61番星でおよそ0.3″の年周視差を検出した。 第15回正答率16.6%

 ④ 藤原定家
（ふじわらのていか）

藤原定家は鎌倉時代初期の歌人である。彼の日記『明月記』の1230年11月8日の記述に、1054年5月に客星が現れたという記述がある。これは後の研究により、かに星雲の超新星であることがわかった。注意しなければならないことは、藤原定家が自分でこの客星を見たわけではなく、伝聞だという点である。 第15回正答率58.7%

 ① 荻生徂徠
（おぎゅうそらい）

天の岩戸伝説は皆既日食であったと最初に唱えたのは、江戸時代の儒学者、荻生徂徠である。なお、伝説は日食であったという説のほかに、日照時間の短い冬至の頃であったという説がある。 第16回正答率73.0%

A 12 ③『源平盛衰記』巻 33、水島の合戦での出来事

③は日食が起きて源氏がおおいに慌てた、という記録であるが、この時は金環日食であった。①も同じく日食についての記録だが、食分11/15の部分食が予報されていた日に、実際は皆既日食であったという記録。②で述べられているのは陰陽寮を訪れた記録、④は彗星、超新星などの「客星（普段見られない星）」の出現例の記載であり、共に日食については触れられていない。

第13回正答率74.9%

A 13 ④ A：皆既日食　B：木星とその衛星　C：超新星

Aは『日本紀略』後編六で皆既日食を、Bは橘 南谿の『望遠鏡 観諸曜記』で望遠鏡で見た歳星（木星）とその衛星を、Cは『明月記』でかに星雲（M 1）の超新星爆発を記したものである。

第13回正答率90.4%

A 14 ③ 南中高度

圭表は、改暦に必要な春分、夏至、秋分、冬至の時刻を決定するために太陽の南中高度を観測する装置である。

第14回正答率82.7%

A 15 ① 貞享暦

平安時代前期の862年に採用された宣明暦は、江戸時代までの800年以上にわたり使われてきたが、暦と天象のずれが大きくなっていた。そこで、安井算哲二世（後の渋川春海）は、中国の元の授時暦を参考にして天体観測を行い、授時暦に独自の改良を加えた貞享暦を編纂した。渋川春海は改暦の功績により、初代幕府天文方に任ぜられた。貞享暦に修正を加えたのが宝暦暦である。その後、寛政暦、天保暦へと改暦された。

Q16 宣明暦は、日本で最も長く使われた暦である。宣明暦が長く使われていた
理由として考えられることはどれか。

① 中国では改暦のたびに、天変地異が起きていたことが伝わっていたから
② 暦は一部の貴族・武士だけのものであり、一般には普及していなかった
　から
③ 宣明暦が長い間、世界共通の暦だったから
④ 当時の日本の暦学では、独自に暦を作る技術がなかったから

Q17 日本の改暦を行った人物について、正しい組み合わせはどれか。

① 宝暦改暦－西川正休
② 貞享改暦－渋川景佑
③ 寛政改暦－高橋至時
④ 天保改暦－安井算哲二世（渋川春海）

Q18 我が国最初の望遠鏡を使った民間の天体観望会で用いられた望遠鏡の制作
者は誰か。

① 平賀源内
② 国友藤兵衛
③ 岩橋善兵衛
④ 与謝蕪村

Q19 日本が太陽暦に移行したのはいつか。

① 南北朝時代
② 安土桃山時代
③ 江戸時代
④ 明治時代

Q20 太陽暦への改暦に関連して、『改暦弁』という書物を出版した人は誰か。

① 岩倉具視
② 渋川春海
③ 徳川吉宗
④ 福沢諭吉

Q21 ユリウス通日について正しく述べたものはどれか。

① ユリウス暦の1年1月1日から数えた日数
② MJD と表記する
③ 世界時の0時はユリウス通日では小数点以下の数字がつく
④ ユリウス・カエサルが考えた

Q22 十干十二支の組み合わせは何通りが用いられているか。

① 22通り
② 60通り
③ 120通り
④ 360通り

④ 当時の日本の暦学では、独自に暦を作る技術がなかったから

宣明暦は、平安時代から江戸時代までの823年間一度も改暦されずに使われていた。そのため、天象とのズレが2日に及んでいた。当の中国では71年間しか使われなかったのに対し、日本の暦学では独自の暦を作るに至らず長い間改暦されなかった。

 ③ 寛政改暦－高橋至時

寛政改暦では、高橋至時とともに間重富も活躍した。
① 改暦事業の途中で西川正休は外され、宝暦改暦は土御門泰邦が一存で実施した。
② 貞享改暦は安井算哲二世（渋川春海）が陰陽頭土御門泰福と協力して行った。
④ 天保改暦は天文方の渋川景佑が行った。

 ③ 岩橋善兵衛

岩橋善兵衛は江戸時代の日本における有名な望遠鏡製作者である。寛政5年（1793年）に八稜筒形望遠鏡を完成させ、京都にある橘南谿宅において、望遠鏡を用いた日本最初の民間における天体観望会を開催した。大阪府貝塚市にある「善兵衛ランド」には善兵衛が製作した望遠鏡などの天体観測機器が展示されている。

 ④ 明治時代

古来、日本では中国暦が使われ、江戸時代の貞享改暦で日本独自の暦が作られたが、いずれも太陰太陽暦である。明治5年になって、太陰太陽暦から太陽暦に改暦され、明治5年12月3日が明治6年1月1日となった。 第15回正答率75.3%

④ 福沢諭吉（ふくざわ ゆきち）

明治5年（1872年）に行われた太陰太陽暦から太陽暦への変更は庶民に混乱を引き起こしたが、いち早く太陽暦の解説書を著したのが福沢諭吉。『改暦弁』はわずか10ページ程度の小冊子で、太陽暦と太陰暦との弁別、ウィークの日の名、一年の月の名、時計の見様の項目からなる。

第13回正答率48.5%

③ 世界時の0時はユリウス通日では小数点以下の数字がつく

ユリウス通日は、紀元前4713年1月1日正午からの通算の日数を小数点以下も含めて表したものである。JDまたはAJDと表記する。正午に始まったので、深夜0時では2455641.5のように0.5がつく。この0.5があるのが不便なので、ユリウス日より2400000.5を引いたものをMJD（修正ユリウス日）として便宜的に使用することがある。考えたのは17世紀のフランスの歴史家のジョセフ・ジュスト・スカリゲルであり、父の名ユリウスをとったという説がある。共和制ローマ期の政治家で、終身独裁官となったガイウス・ユリウス・カエサルはユリウス暦を導入したが、カエサルがユリウス通日を考えたわけではない。

② 60通り

十干（じっかん）と十二支（じゅうにし）の組み合わせ自体は、10×12＝120通り可能である。しかし、暦で用いる際には、十干と十二支の順序を変えずに、平行に並べていって組み合わせていくので、十干十二支の組み合わせは10と12の最小公倍数である60となる。このことから60年で一巡りすることを還暦と呼んでいる。

第16回正答率86.4%

9
章

EXERCISE BOOK FOR ASTRONOMY-SPACE TEST

人類の宇宙進出と宇宙工学

Q1 1926年、世界で初めて液体ロケットの打ち上げ実験を行い、成功させたのは誰か。

① コンスタンチン・ツィオルコフスキー
② ロバート・ゴダード
③ ウェルナー・フォン・ブラウン
④ 糸川英夫

Q2 固体ロケットについての記述のうち、間違っているのはどれか。

① 液体ロケットと比べて構造が簡単
② 比推力は液体ロケットより小さい
③ 燃焼途中での停止ができない
④ 衛星の精密な軌道投入を行うのに有利

Q3 液体ロケットの利点として正しいものはどれか。

① 製造コストが安い
② 長時間の貯蔵・保存が可能
③ 構造が簡単で取扱いが容易
④ 大型化が容易

Q4 「打ち上げの窓」について正しく述べたものはどれか。

① 諸条件から設定されたロケットや人工衛星の打ち上げ可能時間帯
② ロケットなどを打ち上げる射場の総称
③ ロケットなどの打ち上げが可能な良好な気象条件
④ 人工衛星などを格納するロケット最先端部のフェアリングの別称

Q5 次のうち、比推力という概念が当てはまらない推進方法はどれか。

① 電気推進
② レーザー推進
③ 太陽帆推進
④ 光子推進

Q6 小惑星探査機「はやぶさ」が搭載したロケットエンジンはどのタイプか。

①
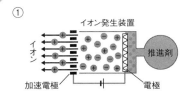

②
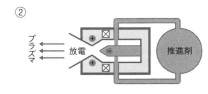

③
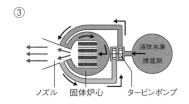

④
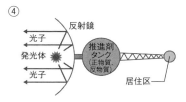

② ロバート・ゴダード

1926年3月16日、ロバート・ゴダードはアメリカのマサチューセッツ州で液体酸素とガソリンを用いた世界初の液体ロケットの打ち上げ実験を行い、成功させた。NASAのゴダード宇宙飛行センターは彼の名にちなんで命名されたもの。

コンスタンチン・ツィオルコフスキーはロケット推進に関するツィオルコフスキーの式を考案し液体ロケットを提唱した。ウェルナー・フォン・ブラウンは本格的な液体ロケットの打ち上げを成功させた。糸川英夫は日本で本格的なロケット開発を始めた。

第12回正答率37.7%

④ 衛星の精密な軌道投入を行うのに有利

固体ロケットは噴射方向や速度の調整が難しく、精密な軌道投入には向かない。大型ロケットや精密な軌道投入が必要な場合は、液体ロケットが使用されることが多い。

第14回正答率64.2%

④ 大型化が容易

①、②、③は固体ロケットの利点である。液体ロケットの他の利点として、方向や速度のコントロールが容易、また発射の際の加速度が少ないことなどが挙げられる。

第4回正答率53.6%

① 諸条件から設定されたロケットや人工衛星の打ち上げ可能時間帯

「打ち上げの窓」とは、ロンチウィンドウ（Launch window）とも呼ばれ、諸条件から設定されたロケットや人工衛星の打ち上げ可能な時間帯のことである。仮にロケットが何らかの理由でこの可能時間に打ち上げられなければ、次の窓を待つことになる。ちなみに、月周回衛星「かぐや」が打ち上げられた2007年9月14日の打ち上げの窓は、わずか2秒間であった。

第15回正答率79.5%

③ 太陽帆推進

太陽帆推進は、大きな帆に太陽光を受けて、その光子の反射によって生じる反作用によって推進する。能動的なエンジンをもつわけではないので、比推力は生じない。

①

①はイオンエンジン、②はプラズマエンジン、③は原子力エンジン、④は光子ロケットの概念図になる。小惑星探査機「はやぶさ」は日本が開発して最初に実用化したイオンエンジンを搭載した。イオンエンジン以外のタイプはまだ実用化されていない。

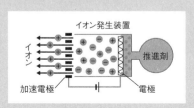

第13回正答率84.7%

Q7 あるロケットの比推力が500秒であった。このロケットの燃焼ガスの噴射速度はどれくらいか。ただし、重力加速度は10 m/s² とする。

① 200 m/s
② 500 m/s
③ 2000 m/s
④ 5000 m/s

Q8 宇宙を推進する方法として、実現していないものはどれか。

① 化学ロケット
② 電気推進
③ 太陽帆推進
④ 核パルス推進

Q9 ある宇宙船が太陽系を脱出できた。その際の速度は次のうちどれだったか。

① 第一宇宙速度
② 第二宇宙速度
③ 第三宇宙速度
④ 第四宇宙速度

地球の引力圏を脱出する速度は、時速に換算するとおよそどれくらいか。

① 時速約2万8400 km

② 時速約3万6000 km

③ 時速約4万320 km

④ 時速約6万120 km

第一宇宙速度である7.9 km/sの速度で地上から真上にボールを打ち上げた場合、ボールのその後の挙動として正しいものはどれか。

① 地球の引力圏を脱出して宇宙に飛んでいく

② 地球の引力につかまり地球の周りを回る

③ 地球の引力とバランスがとれて宇宙空間にとどまる

④ 地球の引力の影響で減速し、やがて落下する

気象衛星「ひまわり」の軌道はどれか。

① 太陽同期軌道

② 準天頂軌道

③ 静止軌道

④ 準回帰軌道

④ 5000 m/s

推力＝1秒間に消費される推進剤の質量×燃焼ガスの噴射速度、比推力＝推力÷1秒間に消費される推進剤の質量÷重力加速度 であるから、

比推力＝（1秒間に消費される推進剤の質量×燃焼ガスの噴射速度）÷1秒間に消費される推進剤の質量÷重力加速度＝燃焼ガスの噴射速度÷重力加速度

となる。したがって、

燃焼ガスの噴射速度＝比推力×重力加速度＝500 s×10 m/s^2＝5000 m/s

となり、④が正答となる。　　　　　　　　　　　　　　　　　　第15回正答率73.0%

④ 核パルス推進

一般的に使われているロケットは化学ロケットである。電気推進は、小惑星探査機「はやぶさ」で有名になったが、人工衛星の軌道制御などにもかなり使われている。太陽帆推進は、ソーラーセイルともいい、日本のIKAROSが世界で初めて実証試験に成功した。核パルス推進は核分裂や核融合を断続的に発生させる反作用で飛ぶもので、原理的には可能だが、実験することすら危険である。　　　　　　　　　　第14回正答率58.9%

③ 第三宇宙速度

太陽系を脱出する速度が第三宇宙速度である。第四は定義されていない。実際には、第三宇宙速度より初速が小さくても、スイングバイなどを利用して太陽系を脱出することは可能である。第二宇宙速度は超えていないと地球圏すら脱出できない。　　第13回正答率87.9%

③ 時速約4万320 km

地球の引力圏を脱出する速度を第二宇宙速度といい、11.2 km/sである。時速に換算すると時速約4万320 kmになる。

なお、①は第一宇宙速度（地球の半径で円軌道となる速度）で7.9 km/s、②は約10 km/sの速度で、第一宇宙速度と第二宇宙速度の間の値である。この速度で打ち上げられた物体は地球を回る楕円軌道となる。④は第三宇宙速度（太陽系を脱出できる速度）で約16.7 km/sである。それぞれ時速に換算すると選択肢のとおりになる。

 ④ 地球の引力の影響で減速し、やがて落下する

地球の引力圏を脱することができる速度は第二宇宙速度（11.2 km/s）であるから、①は間違い。真上に打ち上げた場合、地球を回る方向の速度がないため、地球を回ることができない。よって②も間違い。なお、第一宇宙速度で水平に打ち出せば、地球の引力と回転による遠心力とが釣り合うため、円軌道で地球の周りを回ることになる（ただし、空気抵抗などは無視する）。真上に打ち上げた場合、力は引力しか働かないため、宇宙空間にとどまることはできないので、③も間違い。第一宇宙速度で真上に打ち上げた場合、地球の引力圏を振り切ることができず、徐々に減速し、やがて落下に転じて地上に戻ってきてしまうので、④が正答となる。

 ③ 静止軌道

気象衛星「ひまわり」は、東経140度の赤道上空約3万6000 kmに位置する静止軌道をとる。

9
章

人類の宇宙進出と宇宙工学

スイングバイについて間違っているのはどれか。

① スイングバイとは探査機などが天体の重力と公転速度を利用して、飛行方向や速度を変えることである
② スイングバイによって加速することも減速することもできる
③ 加速スイングバイの場合、探査機などが加速した分、利用した天体の公転速度はわずかに減少する
④ スイングバイを利用することで、飛行に要する推進剤を節約できる

図のAおよびBは、人工衛星をCの静止軌道に投入するとき、一時的に使われる軌道を表す。Bの軌道の名称として正しいものはどれか。

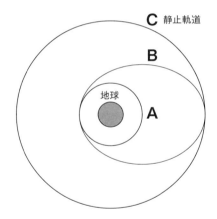

① ホーマン軌道
② 準ホーマン軌道
③ パーキング軌道
④ 静止トランスファ軌道

地球観測衛星「だいち2号」は、約98分かけて地球を1周し、14日間隔で同じ地域の上空をほぼ同じ時間帯に通過する。「だいち2号」の軌道はどれか。

① 静止軌道
② 同期軌道
③ 太陽同期準回帰軌道
④ 準天頂軌道

国際宇宙ステーション（ISS）の軌道についての記述のうち、間違っているものはどれか。

① ISSは北極点、南極点の上空を通過する軌道を周回している
② デブリとの衝突回避のため、ISSの軌道変更を行うことがある
③ ISSは約90分で地球を一周する軌道を周回している
④ ISSは地上から高度約400kmの軌道を周回している

ISSに6カ月滞在した場合の累積被爆線量はおよそどのくらいになるか。

① 1ミリシーベルト
② 40ミリシーベルト
③ 180ミリシーベルト
④ 500ミリシーベルト

A 13 ③ 加速スイングバイの場合、探査機などが加速した分、利用した天体の公転速度はわずかに減少する

加速スイングバイに利用された天体は、その位置エネルギーをわずかに失い、内側に移動する。ケプラーの第2法則により、内側に移動した天体は公転速度が上がるので、③が正答となる。探査機の場合には、天体に比べて質量が無視できるほど小さいので、実際にはその軌道の変化も無視できるが、原理的には、小惑星などが地球に衝突するのを防ぐため、その小惑星で時間をかけてスイングバイを何度も行うことで衝突軌道を回避することも可能である。

第5回正答率71.7%

A 14 ④ 静止トランスファ軌道

静止軌道衛星を打ち上げるとき、まずパーキング軌道と呼ばれる出発軌道に衛星を打ち上げる。図のAの軌道である。ここから静止軌道に移行するために使われるBの軌道は、ホーマン軌道と同じ手法であるが、静止衛星の場合、軌道傾斜角も変更する必要があり、Bの軌道は静止トランスファ軌道と呼ばれる。したがって④が正答となる。

第13回正答率43.6%

③ 太陽同期準回帰軌道

「だいち2号」など多くの地球観測衛星は、地球の表面にあたる太陽の角度が同じになる（太陽同期軌道）という条件のもと、定期的に同じ地域の観測が行える軌道（準回帰軌道）をとっており、この軌道を太陽同期準回帰軌道という。 第7回正答率36.8%

① ISS は北極点、南極点の上空を通過する軌道を周回している

国際宇宙ステーション（ISS）の軌道傾斜角は51.6度であり、北緯、南緯とも51.6度以上の上空は飛行しない。よって、北極点や南極点の上空を通過することはない。

第15回正答率77.1%

③ 180 ミリシーベルト

ISS滞在中の宇宙飛行士被爆線量は1日あたり1ミリシーベルト程度である。6カ月（約180日）で約180ミリシーベルト被爆する。 第16回正答率53.9%

Q18 図は、2022年1月から9月にかけてのISSの高度変化である。リブーストによる急激な上昇（矢印）と緩やかな下降を繰り返しているが、ISSの高度が下がる主な理由は何か。

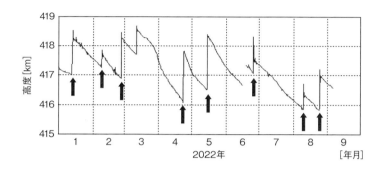

① 太陽から飛来する太陽風による抵抗を受けるから

② 地球をさまざまな高度から観測するために人為的に高度をゆっくり下げているから

③ 地球大気の抵抗を受けるから

④ 地球周辺に漂うスペースデブリ（宇宙ゴミ）に衝突するから

Q19 ISSに搭載されている「クルークォータ」とは何か。

① 水の循環設備

② 放射線被曝を軽減する設備

③ 制振装置付きの運動設備

④ 宇宙服を装着する設備

図は、スカイラブ実験による宇宙環境の人体への影響を表したものである。
宇宙滞在期間とともに増加する人体への経年変化の影響が見られるAの線
は何を示すものか。

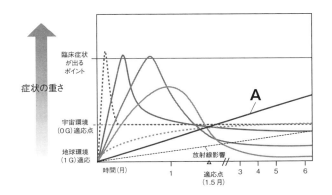

① 赤血球量
② 体液シフト・電解質バランス
③ 骨・カルシウム代謝
④ 除脂肪体重

ロケットの性能を示すのに、ロケットの速度の増分であるΔVが用いられ
るが、ΔVについての記述で間違っているものはどれか。

① 最終速度と初期速度の差を表す
② 推進剤の噴出速度をあげれば、増加する
③ ロケットの最終質量を初期質量に比べ小さくすれば、増加する
④ 初期質量のうち推進剤の割合を小さくすれば、増加する

日本が主導している探査計画「MMX」はどの天体を探査するものか。

① 月　　　　　　② 水星
③ 金星　　　　　④ 火星の衛星

A 18 ③ 地球大気の抵抗を受けるから

ISSの高度が徐々に下がっているのは地球大気の抵抗によるもの。高度低下が一定でないのは、太陽活動の変化によって地球の外層大気の密度が変化するからだと考えられている。

第16回正答率62.8%

A 19 ② 放射線被曝を軽減する設備

ISSに滞在する宇宙飛行士の健康維持の一つとして、放射線被曝の軽減をはかることも重要なことである。宇宙線や太陽フレアによる放射線軽減の為に、クルークォータと呼ばれる公衆電話ボックス程度の大きさの設備があり、宇宙飛行士の個室として使用されている。

第16回正答率81.9%

③ 骨・カルシウム代謝

宇宙環境において、滞在初期にはさまざまな人体への影響が現れるが、宇宙環境に適応できるようになるものもある。しかし、骨・カルシウム代謝や放射線の影響は滞在期間とともに悪化する。

第13回正答率87.7%

④ 初期質量のうち推進剤の割合を小さくすれば、増加する

ΔVは、ロケットの速度の増分（最終速度と初期速度の差）で、ΔV＝噴出速度×ln（初期質量/最終質量）となる。つまり、推進剤の噴出速度をあげれば大きくなり、最終質量を小さくすれば大きくなる。

第16回正答率73.9%

④ 火星の衛星

MMX（Martian Moons eXploration）は世界初の火星衛星サンプルリターンを行う計画で、このサンプルから2つの火星の衛星（フォボス、ダイモス）の起源や火星圏の進化の過程を明らかにし、太陽系の惑星の成り立ちを解明しようとしている。2026年度に打ち上げ、2027年度に火星周回軌道投入、2031年度に地球帰還を予定している。

第16回正答率57.7%

10章

宇宙における生命

Q1 系外惑星の「系」は何を指すか。

① 太陽系
② 惑星系
③ 恒星系
④ 銀河系

Q2 スーパーアースとは何か。

① 地球よりも生命にあふれた可能性がある惑星
② 地球の数倍程度の質量をもつ惑星
③ 地球よりも古い時代にできたと思われる惑星
④ ハビタブルゾーンにある地球型の惑星

Q3 次のうち、系外惑星の名前として当てはまらないものはどれか。

① ケプラー 22a
② ケプラー 61b
③ ケプラー 62e
④ ケプラー 186f

Q4 ペガスス座51番星に系外惑星が発見されたのはいつか。

① 1960年
② 1987年
③ 1995年
④ 2003年

Q5 最初にペガスス座に発見された系外惑星は、どのような特徴をもっていたか。

① 質量が太陽の1/2程度であった
② その軌道半径が木星に似ていた
③ 公転周期が数日程度と非常に短かった
④ 木星のように巨大であるが岩石惑星であった

Q6 次のうち、ドップラー法による発見がしやすい惑星はどれか。

① 質量が大きな惑星
② 軌道半径が大きな惑星
③ 軌道がつぶれた楕円の惑星
④ 直径が大きな惑星

Q7 次の現象のうち、系外惑星の検出方法の原理と関係のないものはどれか。

① 皆既日食
② 金星の太陽面通過
③ 皆既月食
④ 赤方偏移

① 太陽系

系外惑星といえば太陽系外惑星のことである。同じ「系外」でも系外銀河といえば銀河系（天の川銀河）以外の銀河を指す。惑星系は、恒星の重力によって複数の天体が公転している構造で、太陽系も惑星系の1つである。恒星系は、互いに重力を及ぼし合う複数の恒星からなる構造で、連星、星団、銀河などさまざまな規模のものが該当する。 第10回正答率86.2%

② 地球の数倍程度の質量をもつ惑星

スーパーアースの定義は、主に質量によるもので（固体惑星でもある）、生命がいるか、ハビタブルゾーンにあるかどうかは必ずしも問わない。年齢も関係ない。系外惑星を見つけるドップラー法とトランジット法を組み合わせると、惑星の質量と大きさがわかる。ケプラー宇宙望遠鏡やTRAPPIST-South望遠鏡などによって多数のスーパーアースが見つかっており、中にはハビタブルゾーンを公転する惑星（LP 890-9c など）も発見されている。

① ケプラー 22a

系外惑星の名前は、発見順に、親星の名前の後に小文字のbから始まり、c、dと順に付けていく。aは親星にあてるため用いない。 第13回正答率71.7%

③ 1995 年

1995年に、ジュネーブ大学のミシェル・マイヨールと博士課程の学生だったディディエ・ケローは、地球からおよそ42光年離れた恒星、ペガスス座51番星の周りを回る惑星を発見した。この、太陽に似た恒星の周りを公転する系外惑星を最初に発見した功績により、マイヨールとケローは2019年にノーベル物理学賞を受賞した。 第16回正答率39.6%

A5 ③ 公転周期が数日程度と非常に短かった

最初にペガスス座に発見された系外惑星は公転周期が4日程度と非常に短く、軌道半径は
0.05 auと太陽と水星の軌道半径よりもはるかに小さいにもかかわらず、木星の半分程度
の質量があるガス惑星である。 第11回正答率50.2%

A6 ① 質量が大きな惑星

ドップラー法は惑星の重力による中心の恒星のふらつきをドップラー偏移で捉える方法。
よって惑星の質量が大きく、中心の恒星に近い惑星ほど見つけやすい。惑星の軌道の形や
惑星そのものの大きさは見つけやすさとは関係がない。 第11回正答率69.2%

A7 ③ 皆既月食

系外惑星を直接撮像するには、コロナグラフと呼ばれる装置を用いて人工的に皆既日食を起
こし、中心の恒星の光を隠す必要がある。トランジット法は、惑星が恒星の前面を通過する
ことで惑星が暗くなる現象を捉えて惑星を検出する方法。ドップラー法は、惑星の重力で中
心の恒星がふらつき、恒星からの光が赤方偏移することなどを捉えて惑星を検出する。
第15回正答率76.9%

10章
宇宙における生命

Q8

2022年9月までに発見された系外惑星は次のどの手法により発見されたものが最も多いか。

① 直接撮像法
② ドップラー法
③ マイクロレンズ法
④ トランジット法

Q9

次の図は系外惑星をさがすための観測データである。どの観測法によるデータか。

① トランジット法
② ドップラー法
③ 直接撮像法
④ 重力レンズ法

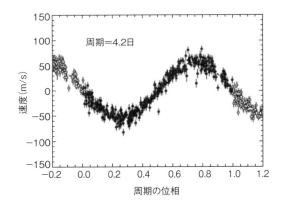

Q10

TRAPPIST-1と、その周りに見つかった系外惑星に関する説明として、正しいものはどれか。

① トランジット法により世界で最初に発見された系外惑星である
② 親星である恒星は、太陽に似た温度や質量をもつ
③ 地球サイズの惑星や木星サイズの惑星が合計8個ある
④ ハビタブルゾーンにある惑星が3つある

図中の矢印が示している領域は何と呼ばれるか。

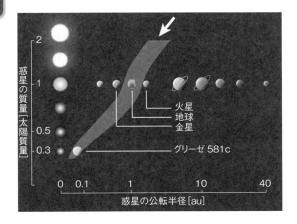

① ブリリアントゾーン　　② バリアブルゾーン

③ フレネルゾーン　　　　④ ハビタブルゾーン

ハビタブルゾーンに関する次の記述のうち、正しいものはどれか。

① ハビタブルゾーンに位置する系外惑星は発見されていない

② 親星の周辺で惑星が酸素を含む大気をもてる領域のことである

③ 親星の質量によって親星からの距離は変化する

④ 現在の太陽系では地球と金星が位置する

Q 13

生物と呼ばれるための3つの条件に当てはまらないものはどれか。

① 自分自身とほぼ同じものを自己複製し、自己増殖する

② 外界と境界によって隔てられた細胞のような構成単位をもつ

③ 細胞内に核をもち、DNAによって遺伝情報を伝える

④ 外界から物質やエネルギーを取り込み、物質代謝する

10 章

宇宙における生命

④ トランジット法

直接撮像法は、惑星のそばにある明るい親星の光を遮って暗い惑星を浮かび上がらせ、惑星像を直接検出する方法。

ドップラー法（視線速度法）は、恒星（親星）のふらつき運動にともなうスペクトルのドップラー効果を検出する方法。

マイクロレンズ法は重力マイクロレンズ現象で観測される光度変化の非対称性や短時間の小さなピークを利用して系外惑星を検出する方法。

トランジット法は、惑星が親星の前面を通過する際にわずかに暗くなる食減光を観測する方法。2009年に打ち上げられたケプラー衛星の観測によって、トランジット法による系外惑星の発見が激増した。 第16回正答率77.4%

 ② ドップラー法

図から速度が周期的に変化していることがわかる。惑星の公転による親星の速度のふらつきを測定しているので、図はドップラー法によるデータである。 第3回正答率59.8%

 ④ ハビタブルゾーンにある惑星が3つある

TRAPPIST-1は、地球から約40光年の距離にあるM型星で、周りに7つの地球サイズの惑星を伴っている。うち、3つはハビタブルゾーンにあり、液体の水をもつ可能性がある。親星は、太陽の8%程度の質量しかなく、褐色矮星と赤色矮星との境界に近い恒星である。

④ ハビタブルゾーン

図の矢印が示している領域をハビタブルゾーンという。生命居住可能領域ともいい、惑星上で水が液体として存在できる、親星からの距離の範囲を表す。 第13回正答率94.3%

③ 親星の質量によって親星からの距離は変化する

ハビタブルゾーンは、親星の周辺で惑星が液体の水をもてる領域のことである。すでにケプラー62fやケプラー22bなどハビタブルゾーンに位置する系外惑星は多数発見されている。ハビタブルゾーンの親星からの距離は親星の質量によって異なり、質量が小さいほど内側に近づく。太陽質量の0.3倍くらいの恒星の場合、ハビタブルゾーンまでの距離は0.1 auほどである。現在の太陽系のハビタブルゾーンには、地球のみが位置する。
第9回正答率79.6%

③ 細胞内に核をもち、DNA によって遺伝情報を伝える

生物と呼ばれるための条件として現在考えられているのは、自己複製、構成単位、物質代謝の3つである。核の有無は必須ではない。原核生物は核をもたず、遺伝情報を担うDNAは細胞内に散らばっている。 第11回正答率70.9%

Q14
ウイルスは、生命のどの超界（ドメイン）に所属するか。

① バクテリア（真正細菌）
② アーキア（古細菌）
③ ユーカリア（真核生物）
④ どこにも属さない

Q15
RNAとDNAはどちらも4種類の塩基から構成されているが、RNAとDNAで共通していない塩基はどれか。

① ウラシルとチミン
② アデニンとグアニン
③ シトシンとウラシル
④ グアニンとチミン

Q16
次の文の【 ア 】、【 イ 】に当てはまる語句の組み合わせとして正しいものはどれか。
「太陽のようなG型星のまわりの系外惑星で、スペクトル中の赤色の端付近（680〜750 nm付近）に、波長が長くなると反射率がシャープに【 ア 】するレッドエッジが見つかれば、その惑星は【 イ 】に覆われている可能性がある。」

① ア：増加　　イ：液体の水（海）
② ア：増加　　イ：緑の植物
③ ア：減少　　イ：液体の水（海）
④ ア：減少　　イ：緑の植物

Q 17 生命の系統樹の根元にある、原始生命はどのような種類か。

① 超高熱菌

② 超好熱菌

③ 超嫌気菌

④ 超嫌熱菌

Q 18 図は地球大気の変遷を表したものである。図中のCは何を表しているか。

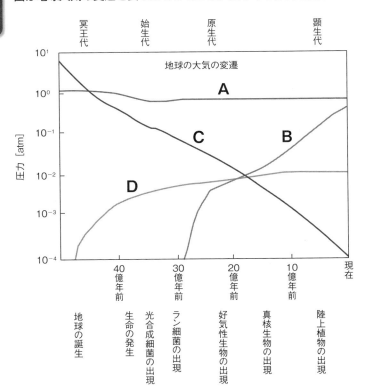

① Ar

② N_2

③ CO_2

④ O_2

④ どこにも属さない

生命の系統樹をいくらながめてもウイルスは見当たらない。これはウイルスが生物と無生物の境界的存在であるからである。では、どのようにして感染したり増殖したりするかというと、生物の細胞にとりつき、それを利用して増殖する。生物から生物へと渡り歩くことで増殖するので、生物どうしが近づかないかぎり、ウイルスは増殖できず、やがて不活化する。

 ① ウラシルとチミン

RNAはアデニン、ウラシル、グアニン、シトシンから、DNAはアデニン、チミン、グアニン、シトシンからできている。両者でアデニン、グアニン、シトシンは共通しているが、ウラシルとチミンが異なっている。遺伝情報を長期的に保存するDNAは安定した構造を保つために、遺伝情報を一時的に記憶し利用するRNAはすばやく合成できるために、このような違いができたと考えられている。 第14回正答率47.0%

 ② ア：増加　　イ：緑の植物

地球の植物の緑葉体は、赤色領域の光を最もよく吸収する（赤色を吸収するので、反射光は補色の緑色になる）。したがって、地球の植生の反射率は、赤色の端付近（680〜750 nm付近）で波長が長くなると反射率がシャープに増加するが、これをレッドエッジと呼ぶ。そのため、太陽のようなG型星のまわりの系外惑星で、スペクトルにレッドエッジが見つかれば、その惑星は緑の植物に覆われている可能性がある。したがって②が正答となる。 第16回正答率48.3%

② 超好熱菌

90℃以上の高熱でも生育できる微生物を総称して超好熱菌と呼ぶ。現在の生物を分子系統的に分類したときに、その系統樹の根に近いところに現れるのが超好熱菌で、そのことは生命が高温環境下で誕生したことを示唆している。　第13回正答率78.5%

③ CO_2

AはN$_2$、BはO$_2$、CはCO$_2$、DはArを表す。原始地球の大気ではCO$_2$やN$_2$が主でO$_2$はほとんどなかったが、光合成生物（ラン細菌）が出現して、光合成によりO$_2$が生成され、現在の酸素を多く含む大気となった。地球と生命の共進化と呼ぶ。一方、CO$_2$は海に溶け込んで、Caと結合し石灰岩となって減少した。　第13回正答率65.7%

Q 19 メキシコにある巨大な隕石衝突痕はどれか。

① チクシュルーブ・クレーター

② バリンジャー・クレーター

③ ユカタン・クレーター

④ フォン・カルマン・クレーター

Q 20 次の図に○で示した生物種の5回の大量絶滅のうち、P/T境界はどれか。

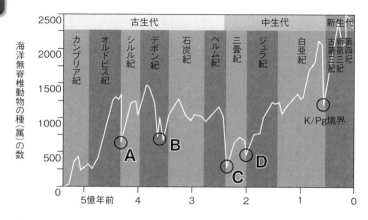

① A

② B

③ C

④ D

スペースコロニーは対称軸のまわりに回転させるようになっている。この
回転で、何を得ようとしているか。

① 大気
② 水
③ 日照
④ 擬似重力

 次の図に示されたスペースコロニーは何型と呼ばれているか。

① バナール型
② トーラス型
③ シリンダー型
④ ウーベル型

① チクシュルーブ・クレーター

6500万年前に落下し、恐竜絶滅を引き起こしたと考えられる隕石衝突痕はメキシコのユカタン半島にあるチクシュルーブ・クレーターである。

バリンジャー・クレーターはアメリカのアリゾナ州にあるクレーター。2019年に中国が軟着陸に成功したのがフォン・カルマン・クレーターで、月の裏側にある。なお、③のユカタン・クレーターは実在しない。

第16回正答率30.6%

③ C

P/T境界はペルム紀と三畳紀（トリアス紀）の境界。

なお、Aはオルドビス紀とシルル紀の間のO/S境界、Bはデボン紀末のフラニアン期とファメニアン期の境界にあたるF/F境界、Dは三畳紀とジュラ紀の間のT/J境界と呼ばれる。例外もあるが、おおむね、境界を挟む"紀"の頭文字が使われている。

A 21 ④ 擬似重力

スペースコロニーとは、地球近傍の宇宙空間に建造された架空の巨大構造体のことで、アメリカのジェラルド・オニールなどによって提唱され、『機動戦士ガンダム』などアニメにも多く取り上げられている。スペースコロニーは、内部に生活空間が存在し、対称軸を回転軸として回転させることで発生する遠心力を擬似重力としている。

第14回正答率91.8%

A 22 ③ シリンダー型

1929年、ジョン・デスモンド・バナールが提唱した「バナール球」と呼ばれる球形タイプのスペースコロニーがバナール型である。1974年にジェラード・キッチェン・オニールが提唱した形状がシリンダー型。翌1975年にスタンフォード大学で設計されたのが「スタンフォード・トーラス」で、トーラス型と呼ばれる。なお、ウーベル型のスペースコロニーは、マンガ『スコベロ』（カサハラテツロー著、福江純監修、メディアファクトリー）に登場する。理論的・工学的にまったく問題ないと監修者のお墨付きである。「ウーベル」とはラテン語で乳房を意味する。

第15回正答率71.1%

天文宇宙検定　公式問題集
２級 銀河博士　2024 〜 2025 年版

天文宇宙検定委員会　編

2024 年 4 月 30 日　初版 1 刷発行

発行者　　　片岡　一成
印刷・製本　株式会社ディグ
発行所　　　株式会社恒星社厚生閣
　　　　　　〒 160-0008
　　　　　　東京都新宿区四谷三栄町 3 番 14 号
　　　　　　TEL　03（3359）7371（代）
　　　　　　FAX　03（3359）7375
　　　　　　http://www.kouseisha.com/
　　　　　　https://www.astro-test.org/

ISBN978-4-7699-1704-5 C1044

（定価はカバーに表示）